Inhaltsangabe.

1*

Außerdem drei Textbilder: Seite

I. Allgemeine Betrachtungen.

Während bei der Seeschiffahrt die fortlaufende astronomische Ortsbestimmung des Fahrzeugs und die dauernde astronomische Kontrolle des Kompasses von jeher zu den wichtigsten Aufgaben der Schiffsführung gerechnet wurden, galt in der allerdings viel jüngeren Luftschiffahrt bisher die astronomische Ortsbestimmung im Ballon für nebensächlich. Und doch verdient dieselbe, wie neuerdings auch allgemein anerkannt wird, volle Beachtung, seit Hoch-, Weit- und Dauerfahrten im Freiballon über Wolken, Nebel und während der Nacht, längere Fahrten in Motorballons selbst über das Meer, ja sogar aeronautische Forschungsreisen nach unbekannteren Erdregionen ausgeführt werden. Es muß daher jetzt im Interesse der Sicherheit und Weiterentwicklung der Luftschiffahrt die Forderung gestellt und durchgesetzt werden, daß jeder Ballonführer außer mit der technischen Handhabung des Luftschiffs auch mit der astronomisch-geographischen Orientierung des Ballons vertraut ist, ebenso wie es niemandem einfallen würde, sich einem Schiffe ohne astronomische Navigation anzuvertrauen.

Eine Ballonfahrt mit Anblick der festen Erdoberfläche gleicht der Schiffahrt in Sicht der Küste, wo einfache Orientierungen nach Karten mit gelegentlichen Peilungen auf kartographisch festgelegte Objekte genügen. Ist aber, wie so häufig, die Erdoberfläche für den Beobachter in der Gondel durch Wolken, Nebel und Dunkelheit verdeckt oder befindet sich der Ballon über dem Meere, so bleibt dem Luftschiffer, ebenso wie dem Schiffsführer auf hoher See, nur übrig, sich mit Hilfe von Gestirnsmessungen astronomisch zu orientieren. Solche astronomische Positionsbestimmungen in beliebiger Höhe über der Erdoberfläche sind nicht nur zur Entscheidung über eine etwaige Landung ohne unnütze Opfer von Gas und Ballast geboten, sondern sie dienen auch zur wichtigen Bestimmung der Fahrtrichtung im Freiballon, deren anderweitige

Festlegung auch mit dem Kompaß versagt, sobald die Orientierung nach unten aufhört. Nur in dem Falle, daß das ausgeworfene Schleppseil den Boden berührt, und dadurch die fortwährende Drehung des Freiballons um seine Längsachse aufhört, stellt sich die Gondel mit einer konstanten Vorwärtsrichtung ein, so daß alsdann der Kompaß auch ohne Orientierung nach unten die Fahrtrichtung angibt.

In dem Falle endlich, daß weder Erdoberfläche noch Himmel sichtbar sind, kann man den Ballon wenigstens in geographischer Breite annähernd orientieren durch Messung der Horizontalintensität der erdmagnetischen Kraft in der Gondel und durch Vergleichung der dafür gefundenen Zahlenwerte mit den bekannten für die Erdoberfläche geltenden magnetischen Kraftlinien (Isodynamen), die besonders über dem europäischen Kontinente ungefähr parallel den Breitenkreisen verlaufen. Diese im Notfalle mitten in Wolken oder Nebel anzuwendende magnetische Orientierung kann besonders in Deutschland sehr wichtig werden, um bei Ballonfahrten in nördlicher Richtung und bei ganz undurchsichtiger Luft rechtzeitig die Annäherung an die See zu merken. Die zur magnetischen Orientierung im Ballon notwendigen Instrumente (Intensitätsvariometer nach Eschenhagen und Ebert) bedürfen aber erst noch der weiteren Erprobung in der Gondel[1]).

Wir haben somit im Ballon drei Arten von Orientierungen: die kartographische, die neuerdings durch Herstellung besonderer aeronautischer Landkarten (Moedebeck) noch vervollkommnet wird, die magnetische, die erst einer weiteren Durchbildung bedarf, und die astronomische, um die es sich in vorliegender Anleitung ausschließlich handelt und die nunmehr ohne Schwierigkeit zur schnellen Ermittelung des genäherten Ballonortes sich ausführen läßt.

Nachts genügen Höhenmessungen an hellen Fixsternen, gelegentlich auch am Monde und an den großen Planeten (Venus, Mars, Jupiter und Saturn) mit dem im Ballon erprobten

---

[1]) Die besonderen Schwierigkeiten der magnetischen Breitenbestimmung liegen beim Freiballon in der gleichzeitigen Mitnahme des Peilkompasses, durch den das Intensitäts-Variometer gestört wird, und beim Motorballon in der ablenkenden Einwirkung der Eisenteile. Die erstere ließe sich durch geeignete Aufhängung des Kompasses in größerer Entfernung von der Gondel (wie z. B. im Ballonringe s. S. 14) aufheben und zur Beseitigung der letzteren (im Motorballon) müßte man geeignete Kompensationen des Variometers einführen oder auch die Breitenbestimmung mittels Gyroskops (Kreiselapparat) versuchen.

Libellenquadranten und nach einer zuverlässigen Taschenuhr, die während 24 Stunden Mitteleuropäische oder bequemer Greenwicher Zeit bis auf etwa 10 Sekunden festhält.

Am Tage reichen, falls außer der Sonne gelegentlich noch der Mond sichtbar sein sollte oder etwa in der Dämmerung Mond und Venus zu sehen sind, gleichfalls Höhenmessungen an diesen Gestirnen aus. Im allgemeinen wird jedoch am Tage nur die Sonne zur Verfügung stehen, so daß Höhenmessungen allein, je nach der Stellung der Sonne nahe dem Meridian oder dem ersten Vertikal (Ost-West) nur Breite oder Länge des Ballonortes ergeben. Alsdann gehören zur vollständigen Ortsbestimmung nach Breite und Länge Höhen- und Azimutmessungen der Sonne, wobei letztere mit einem besonderen, gleichfalls im Ballon erprobten Peil-Fluidkompaß auszuführen sind.

Die zur Auswertung aller dieser Beobachtungen nötigen Rechnungen müssen während der Fahrt in der Gondel selbst möglichst schnell, zumeist unter Benutzung der in der vorliegenden Anleitung (Abschnitt V) gegebenen kurzen Tafeln, erledigt werden, damit die astronomische Ortsbestimmung in der Luft dem Ballonführer auch sofort von Nutzen sei. Hierbei kommt es in erster Linie nur auf eine möglichst schnelle und sichere Herleitung des genäherten Ballonorts (ungefähr bis auf 10 Bogenminuten = rund 16 km) an, während etwaige genauere Berechnungen der betreffenden astronomischen Ortsbestimmungen später bei Bearbeitung der gesamten Fahrtergebnisse ausgeführt werden können.

Gelegentlich ist es sogar vorteilhaft, selbst nur schätzungsweise z. B. mit einem Transformator (S. 18) die astronomischen Beobachtungen in der Gondel roh auszuwerten, um sofort wenigstens einen Überblick über die Position des Ballons zu gewinnen.

II. Ausrüstung zur Ortsbestimmung im Ballon.

Libellen-quadrant.

Zu den Messungen von Gestirnshöhen in der Gondel wird der Libellenquadrant[2]) verwendet, der in des Verfassers Handbuche der geographischen Ortsbestimmung ausführlich beschrieben ist. Dieser im Ballon freihändig zu benutzende und dabei zweckmäßig an einer langen, um den Ballonring gehenden Schnur aufzuhängende Höhenwinkelmesser beruht auf dem Prinzip, daß eine Libellenblase in das Gesichtsfeld des Fernrohrs gespiegelt wird und bei richtiger Höheneinstellung das direkt im Fernrohr anvisierte Gestirn symmetrisch umspült. Zur Höhenmessung richtet man das Fernrohr des mit der rechten Hand am Holzgriff zu fassenden und möglichst senkrecht zu haltenden Quadranten auf das Gestirn, sucht das Bild des letzteren möglichst genau in der Mitte des Fadenquadrats festzuhalten und stellt die Libelle durch Drehung der in den Kreisbogen mit Zahnrädern eingreifenden Triebschraube mittels der linken Hand ungefähr wagerecht. Beim nochmaligen Hineinsehen in das Fernrohr nach dem möglichst scharf auf die Quadratmitte gebrachten Gestirn dreht man die Triebschraube noch etwas, bis die Enden der Libellenblase oben und unten gleichweit von der Fadenkreuzöffnung entfernt sind. Alsdann liest man am Kreise den Betrag des Höhenwinkels ab, wobei die Stellung des Nullstrichs des Nonius am Kreisbogen (Teilintervall 1^0) die ganzen Grade und die Koinzidenz eines bestimmten Noniusstriches

---

[2]) Der Libellenquadrant ist, zugleich mit vollständiger Gebrauchsanweisung, zu beziehen vom Mechaniker Butenschön in Bahrenfeld bei Hamburg zum Preise von 60 Mark einschließlich eines von der Deutschen Seewarte ausgestellten Prüfungsscheines mit Angabe des Indexfehlers. Die für Nachtbeobachtungen außerdem noch notwendige elektrische Beleuchtungseinrichtung kostet etwa 7 Mark. Neuerdings ist der Libellenquadrant auch für den Ballongebrauch weiter verbessert worden, indem die Libellenblase im Gesichtsfelde des Fernrohrs bei Tag und bei Nacht dadurch noch besser sichtbar gemacht wird, daß unterhalb der Libelle eine reflektierende Platte aus weißem Zelluloid angebracht ist.

(Teilintervall 2′) mit dem zugehörigen Strich der Hauptteilung die ganzen Bogenminuten ergibt.

Will man die Messungsgenauigkeit noch erhöhen, was im Ballon in der Regel nicht notwendig ist, so kann man zwei Einstellungen der Gestirnshöhe mit entgegengesetzter Bewegung der Libellenblase ausführen, indem einmal die Blase von oben nach unten, das zweite Mal von unten nach oben durch das Gesichtsfeld laufend eingestellt wird. Das Mittel dieser beiden, durch entgegengesetzte Drehungen der Triebschraube bewirkten Höhenmessungen ist frei von Fehlern des toten Ganges der Triebschraube und weniger behaftet mit persönlichen Einstellungsfehlern.

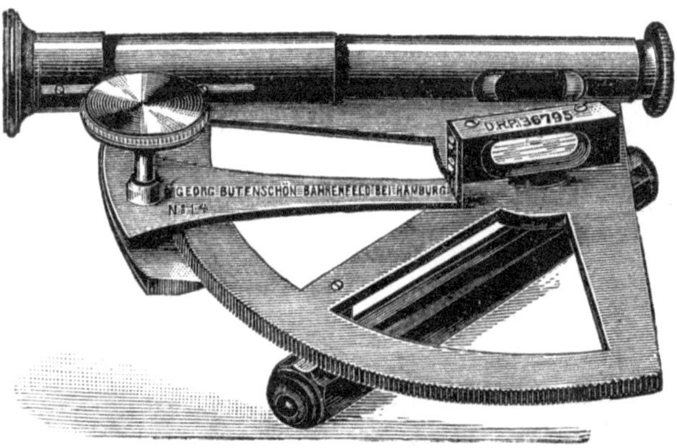

Die einzige Konstante am Libellenquadranten, welche vorher bestimmt werden muß, ist der sogenannte Indexfehler, welcher die Abweichung der am Kreise abgelesenen Höhe von der richtigen Höhe bezeichnet. Derselbe ist am Libellenquadranten bei vorsichtiger Handhabung des Instruments nur sehr wenig veränderlich, da das Fernrohr fest mit dem Kreisbogen des Quadranten verbunden und auch der Nonius nicht verstellbar ist. Der Indexfehler, dessen Größe und Vorzeichen in dem, jedem Libellenquadranten beigegebenen Prüfungsscheine der Deutschen Seewarte angegeben wird, läßt sich auch vom Beobachter selbst sehr einfach bestimmen. Entweder stellt man am Lande ein Objekt mit anderweitig bekannter Höhe ein oder man richtet den Libellenquadranten auf eine mit Wasser gefüllte kommunizierende Röhre und bestimmt die Abweichung von der Nullstellung am Kreise durch gleichzeitige Einvisierung der beiden gleichhohen Flüssigkeitsschenkel (Höhe = 0).

An die mit dem Libellenquadranten im Ballon gemessenen Gestirnshöhen ist für Sterne, Sonne und Planeten außer dem für jedes Instrument verschiedenen Indexfehler nur die Refraktionskorrektion für die Wirkung der Strahlenbrechung in der Atmosphäre nach der abgekürzten Tafel 3a stets negativ an die Höhe anzubringen. Beim Messen von Mondhöhen aber kommt hierzu noch wegen der Nähe unseres Satelliten zur Erde eine Korrektion für Parallaxe, die zusammen mit der Refraktionskorrektion als Gesamtbeschickung der Mondhöhe (stets positiv an die Höhe anzubringen) in der abgekürzten Tafel 3b sich vorfindet.

Bei Sonnenbeobachtungen wird auf das Objektiv des Libellenquadranten ein neutrales Blendglas aufgeschoben, das jedem Instrument in zwei Stärken (dunkel und licht) beigegeben ist und der jeweiligen Helligkeit des Sonnenbildes entsprechend gewählt wird. Ist die Sonne gelegentlich durch Nebel oder Wolkendecken etwa stark abgeschwächt, so kann das Fernrohr auch ohne Blendglas benutzt werden. Bei Nachtbeobachtungen an Sternen und Planeten wird auf das Objektiv des Instruments eine zum Libellenquadranten gehörige elektrische Beleuchtungseinrichtung gesetzt, deren ganz kleine bewegliche Lampe so einzustellen ist, daß die Libelle kräftig, das Gesichtsfeld aber nur wenig, gerade zum Erkennen des Fadenquadrats genügend, erleuchtet wird. Um eine Blendung des Auges zu vermeiden, setzt man ferner zweckmäßig auf das Okular eine aus Karton geschnittene Scheibe, die das Auge des Beobachters gegen die Strahlen der elektrischen Lampe schützt. Bei Mondmessungen genügt meistens das Mondlicht allein zum Erkennen von Libellenblase und Fadennetz. Die Beleuchtungseinrichtung wird von einer kleinen elektrischen Taschenlaterne gespeist, in welche an Stelle der elektrischen Birne der Stöpsel für die Zuleitung zur Feld- und Libellenbeleuchtung geschraubt wird. Die überall vorrätige Taschenlaterne ist so zu wählen, daß die Öffnung für die Lichtquelle an der vorderen Seite liegt, daß sich hinten ein Haken zum Anhängen der Lampe an die Kleidung des Beobachters befindet und daß die Druckvorrichtung zum Hellmachen an der Lampe in Schieberform festgestellt werden kann. Die Einvisierung eines Sterns mit dem Fernrohr des Libellenquadranten erfolgt zweckmäßig im Dunkeln und erst, wenn der Stern im Gesichtsfelde ist, wird mit der linken Hand der Kontakt an der elektrischen Taschenlaterne eingeschaltet. Es empfiehlt sich selbstverständlich, stets mehrere Reserveexemplare für die elektrische Beleuchtung bei Ballonfahrten mitzunehmen.

Bei den Höhenmessungen mit dem freihändig benutzbaren Libellenquadranten ist darauf zu achten, daß die Kreisebene möglichst senkrecht gehalten wird, da eine Verkantung besonders beim Messen von größeren Höhenwinkeln nicht unerhebliche Fehler mit sich bringt. Die Höhe, bis zu welcher Gestirne von der Gondel aus überhaupt eingestellt werden können, ist nach oben naturgemäß durch die Ballonhülle begrenzt; in der Regel kann man Gestirnshöhen bis 62° bequem beobachten[3]. Diese Beschränkung in Höhe für astronomische Messungen von der Gondel aus bringt es mit sich, daß man in höheren Breitenzonen über 60° bei Nachtbeobachtungen auf die äußerst bequeme Methode zur Polhöhenbestimmung mittels des nördlichen Polarsterns verzichten und dafür Höhen in der Nähe des Meridians von tiefer stehenden hellen Sternen verwenden muß. Ferner ergibt sich daraus bei Tagbeobachtungen besonders in niedrigeren Breiten die Schwierigkeit, Mittagshöhen der Sonne zur Sommerszeit zu erhalten. Im lenkbaren Ballon kann man dieser Beschränkung durch Anbringung einer besonderen Beobachtungsplattform (Zeppelin) Herr werden und auch im Freiballon ließe sich dieselbe vielleicht durch geeignete Verlegung des Beobachterstandpunktes etwas außerhalb des eigentlichen Ballonkorbes überwinden.

Die Genauigkeit endlich, welche bei Höhenmessungen mit dem verbesserten Libellenquadranten im Ballon erzielt werden kann, läßt sich für eine Höhe im Mittel aus je zwei Einstellungen (Blase von oben und Blase von unten) auf etwa 4—5 Bogenminuten angeben, während eine einzelne Höheneinstellung unschwer bis auf etwa 6—7 Bogenminuten genau erzielt werden kann. Eine Steigerung dieser Genauigkeit etwa durch Aufsetzen des Libellenquadranten auf ein am Rande des Ballonkorbes angebrachtes Stativ empfiehlt sich für die Zwecke einer schnellen aeronautischen Ortsbestimmung vorläufig nicht, da sonst Beobachtung und Rechnung während der Fahrt zu lange dauern und die Benutzung der alsdann größer sowie umfangreicher zu wählenden Reduktionstafeln zeitraubender sich gestalten würde.

Bei jeder Höhenmessung ist bis auf einige Sekunden scharf sofort die Zeit der Beobachtung zu notieren und erst dann der Kreis Uhr.

[3]) Wenn die Gondel sehr tief unter dem Ballon hängt, lassen sich auch noch größere Höhen messen; allerdings wird dann die Beobachtung etwas unbequem.

am Libellenquadranten abzulesen; dasselbe geschieht bei Einstellungen am Peilkompaß auf die Sonne oder ein anderes Gestirn, wo auch erst die Uhrzeit notiert und unmittelbar nachher die Kreisablesung aufgeschrieben wird. Der Ballonführer darf nie vergessen, daß jede Höhen- oder Azimutmessung ohne Beifügung der zugehörigen Uhrzeit für die Ortsbestimmung in der Regel völlig wertlos ist.

Zur Angabe der Zeit genügt im Ballon eine zuverlässige Taschenuhr mit Ankerhemmung und guter Kompensation der etwas schwer zu wählenden Unruhe, so daß auch bei stärkeren Schwankungen von Temperatur und Luftdruck der Uhrgang im Laufe eines Tages stets unter 10 Sekunden beträgt [4]). Der Beobachter trägt die Uhr zweckmäßig in der Tasche, womöglich in einer besonderen luft- und staubdichten Kapsel, die das Zifferblatt freiläßt. Auf diese Weise ist die Beobachtungsuhr gegen den Einfluß großer Temperaturschwankungen und gegen die direkte Sonnenstrahlung nach Möglichkeit geschützt. Bei Fahrten in nicht zu großen Höhen oder bei Nachtfahrten kann man die Uhr, in einem besonderen Ledergehäuse untergebracht, auch an den Stricken über der Gondel neben den anderen Instrumenten aufhängen, um die Uhrablesungen bequemer zu machen.

Vor dem Aufstieg muß die nach mittlerer Zeit gehende Beobachtungsuhr mit einer Normaluhr (Sternwarte oder öffentlicher Zeitdienst), die z. B. mitteleuropäische Zeit (M. E. Z. = 1^h östlich von Greenwich) oder Greenwicher Zeit (Gr. Z. = M. E. Z. — 1^h) genau angibt, bis auf die Sekunde verglichen werden, nachdem eine etwaige Differenz in ganzen Minuten durch Stellen des Minutenzeigers fortgeschafft worden ist. Die alsdann in Sekunden gefundene Uhrkorrektion gegen genaue Mitteleuropäische oder Greenwicher Zeit ist zu notieren und an die Uhrablesungen erst dann anzubringen, wenn die Berechnung der Beobachtungen ausgeführt wird.

Wenn der Ballonführer in der Lage ist, zwei Beobachtungsuhren mit sich führen zu können, so ist es für Auswertung der Nachtbeobachtungen vorteilhaft, die zweite Uhr nach Sternzeit gehen zu lassen und während der Fahrt zugleich des öfteren die

---

[4]) Eine solche Beobachtungsuhr mit großem Zifferblatt und in einfacher Ausstattung, aber mit gutem Werk, deren Gang vorher geprüft sein muß, ist z. B. bei der Firma F. Tiede (vom 1. April 1909 ab A. Oppermann), Berlin, für den Preis von ungefähr 100 Mark erhältlich.

mittlere Zeit-Uhr mit der Sternzeituhr zu vergleichen. Bei der bequemen Verwandlung von Sternzeit in mittlere Zeit nach der abgekürzten Tafel 2 genügt jedoch eine Beobachtungsuhr nach mittlerer Zeit, deren Angaben zugleich dem Nichtastronomen auch sonst geläufiger sind.

Eine Beobachtungsuhr, von der man einen guten, bis auf wenige Sekunden sicheren täglichen Gang verlangt, soll an jedem Tage zu derselben Zeit aufgezogen werden, auch wenn sie, wie z. B. das Marinechronometer, erst in zwei Tagen abläuft. Um jedoch bei längeren Ballonfahrten ein verhängnisvolles Stillstehen der Uhr zu vermeiden, empfiehlt es sich, das Aufziehen der Uhr vor Antritt der Ballonfahrt auszuführen und dasselbe auch während der Fahrt abends und morgens zu besorgen. Falls irgend möglich, empfiehlt sich außerdem die Mitnahme einer Reserveuhr. Vorausgreifend sei an dieser Stelle erwähnt, daß selbst bei fehlerhafter Uhr doch noch eine Möglichkeit vorliegt, wenigstens in der Nacht aus dem Verlauf der Isogonen die Länge und nach Tafel 4 die Breite schätzungsweise zu ermitteln aus Einstellungen des Polarsterns in Azimut und Höhe. Bei Erörterung der Längenbestimmung Nachts (Abschnitt IV) finden sich hierüber nähere Angaben.

Während nachts zur astronomischen Ortsbestimmung im Ballon Libellenquadrant und Uhr als Beobachtungsinstrumente ausreichen, wird zur vollständigen Ortsbestimmung am Tage nach der Sonne allein, wenn also Mond- oder Venushöhen nicht gleichzeitig gemessen werden können, noch ein besonderer Fluidkompaß[5]) mit Peilvorrichtung zur Azimutbestimmung, gelegentlich mit Vorteil auch nachts, u. a. wenn nur der Mond sichtbar sein sollte, gebraucht. Derselbe dient im Freiballon zugleich zur Festlegung der Fahrtrichtung und im Motorluftschiff außerdem auch zur Steuerung des Kurses. Das Instrument ist nach Art der Marinekompasse für Unterseeboote auch von unten durchsichtig, mit einer von oben und unten ablesbaren Rose konstruiert und zur Gewichtsherabsetzung für den Ballon aus Aluminium Peilkompaß.

[5]) Der besondere Fluidkompaß aus Aluminium für den Ballon mit Peilvorrichtung und lederner Transporttasche wird von der Firma C. Bamberg, Friedenau-Berlin, zum Preise von etwa 400 Mark geliefert und für Motorballons mit besonderer Kompensationseinrichtung versehen. Einfache Fluid-Azimutkompasse liefert C. Plath-Hamburg schon von 150 M. ab. — An dieser Stelle sei noch erwähnt, daß etwaige durch Erschütterungen im Kompaßgefäß entstandene Luftblasen die Einstellung nicht beeinflussen; dieselben lassen sich außerdem durch Hochkanten des Kompasses beseitigen.

durch Azimuteinstellungen auf Gestirne und bekannte terrestrische Objekte oder durch Peilungen auf einen zweiten, frei von magnetischen Einflüssen am Lande aufgestellten Kompaß

Aber selbst bei nahezu vollständiger Beseitigung der Kompaßdeviation im Motorballon bleibt dennoch eine fortlaufende astronomische Überwachung dieses Fehlers geboten, am Tage durch Azimuteinstellungen auf die Sonne (Azimuttabellen oder Taf. 6), nachts durch Peilung auf den Polarstern (siehe Tafel 5). Es können nämlich beträchtliche Deviationsveränderungen durch starke Erschütterungen, Temperaturschwankungen, luftelektrische Induktionen usw. auftreten[6]).

Schließlich sei noch erwähnt, daß die Genauigkeit im Azimut, welche mit dem Peilkompaß bei Gestirnseinstellungen zu erzielen ist, bis auf etwa $^1/_{10}$ Grad ($0{,}1^0$) getrieben werden kann. In der Regel aber wird z. B. bei schnellen Einstellungen der Sonne im Ballon nicht mehr als eine Genauigkeit von $0{,}25^0$ erreicht werden, für die Zwecke einer genäherten und schnell herzuleitenden aeronautischen Ortsbestimmung am Tage auch genügend.

Rechnerische Hilfsmittel.

Nachdem die instrumentellen Hilfsmittel (Libellenquadrant, Uhr, Peilkompaß) in ihrer Anwendung zur Ballonorientierung geschildert sind, sollen nunmehr auch die zur Auswertung der astronomischen Beobachtungen im Ballon teils notwendigen teils erwünschten rechnerischen Hilfsmittel kurz besprochen werden. Die meisten derselben konnten zweckmäßig in der vorliegenden Anleitung (Abschnitt V mit Beispielen erläutert) in einer für den aeronautischen Gebrauch bestimmten Tafelsammlung gegeben werden. Es sind dies folgende Tafeln und Karten: Gestirnshöhenverbesserung für Refraktion und Parallaxe, gegenseitige Verwandlung von Sternzeit in mittlere Zeit und von Zeitmaß in Bogenmaß, Breite aus Höhen des Polarsterns, Breiten-

[6]) Während des Drucks dieser Anleitung sind erfolgreiche Versuche zum Ersatz und zur Kontrolle des magnetischen Kompasses an Bord von Seeschiffen durch den Anschützschen Kreiselkompaß bekannt geworden, der bei starkem elektrischem Antrieb selbsttätig den astronomischen Meridian angibt und auch mit Peilvorrichtungen versehen werden kann. Aber schon das große Gewicht (etwa 250 kg) des gesamten Apparates schließt seine Verwendung im Freiballon aus, und auch für Motorballons käme der Kreiselkompaß, dessen Einrichtung vorläufig noch ein kleines Vermögen kostet, nur dann in Betracht, wenn es sich um Luftschiffe mit sehr großem Auftrieb handelt. — Auch der im Motorballon erst noch zu erprobende neue Doppelkompaß von Bidlingmaier zur Kontrolle der Deviation verdient an dieser Stelle Erwähnung.

korrektion für Sternhöhen außerhalb des Meridians, Tafeln zur schnellen Ermittelung des Stundenwinkels aus Breite, Deklination und Höhe, abgekürzte Azimuttafeln für Gestirne bis 49° Deklination und für den Polarstern, Merkatorfunktionen (Tafeln der wachsenden Breite), Positionen von 27 hellen Fixsternen nebst ihren Kulminationsdaten für 8^h, 12^h, 4^h nachts, nördlicher Sternenhimmel mit den zur Ballonorientierung dienenden Sternen, Karten der magnetischen Deklinationswerte (in Form von Isogonen oder Linien gleicher Deklination 1909) für Deutschland und Europa.

Außer diesen unmittelbar gegebenen und in den Abschnitten IV, V der Anleitung eingehender behandelten rechnerischen Hilfsmitteln gebraucht der Ballonführer zur Auswertung der Ortsbestimmungen nur noch ein Nautisches Jahrbuch zur Entnahme der astronomischen Daten, gelegentlich einen Transformator zur schnellen graphischen Auflösung sphärischer Dreiecke und manchmal auch eine größere Azimuttafel, besonders zur Kompaßkontrolle.

Das Nautische Jahrbuch[7]) (N. J.), dessen Einrichtung ausführlich in der Einleitung des Jahrbuchs beschrieben ist, dient im Ballon zur Entnahme der Positionen von Sonne, Mond, großen Planeten und Sternen sowie der Reduktionsgrößen von Zeitgleichung (Mittlere — Wahre Zeit) und Sternzeit im Mittleren Mittag (Rectaszension der mittleren Sonne) für Zeit und Ort der Beobachtung. Die Angaben des N. J. beziehen sich sämtlich auf den Greenwicher Meridian (M. E. Z. — 1^h) und müssen für Sonne und Mond, gelegentlich auch für die der Erde nächsten Planeten Venus und Mars, mit den im N. J. gegebenen stündlichen Änderungen auf die Beobachtungszeit des Ortsmeridians reduziert werden. Diese an sich schon einfache Einschaltung zwischen zwei Tafelwerte wird für die aeronautische Ortsbestimmung dadurch noch erheblich erleichtert, daß alle Winkelangaben (°, ′, ″) höchstens auf ganze Bogenminuten, alle Zeitangaben (h, m, s) lediglich auf Zehntel Zeitminuten ($0,1^m = 6^s = 1',5$; $1' = 4^s$) dem N. J. entnommen zu werden brauchen; meistens genügt es sogar, im Ballon mit Zehntel Graden und halben Zeitminuten zu rechnen.

Nautisches Jahrbuch.

[7]) Nautisches Jahrbuch oder Ephemeriden und Tafeln für das Jahr 19. . zur Bestimmung der Zeit, Länge und Breite zur See nach astronomischen Beobachtungen. Herausgegeben vom Reichsamt des Innern. Berlin, Heymanns Verlag. Preis 1,50 Mark. Das Jahrbuch erscheint regelmäßig mehrere Jahre im voraus.

hergestellt, so daß es bei einem Gefäßdurchmesser von 18,5 cm innen, 24 cm außen, einschließlich einer besonderen Transporttasche aus festem Leder nur etwa 16 kg, also kaum mehr als ein kleiner Sandsack wiegt. Die auf Alkohol schwimmende magnetische Kompaßrose steht außerdem überall so weit vom Gefäßrande ab, daß nach Erprobungen im Freiballon ein Mitgehen der Rose bei Drehungen des Korbes unter keinen Umständen stattfindet, vielmehr der magnetische Meridian bei Azimuteinstellungen stets festgehalten bleibt.

Wird der Kompaß nicht zur Azimutmessung gebraucht, so kann er, wie beistehende Abbildung zeigt, an einem besonderen Messingbügel unter dem Ballonringe in Cardanischer Aufhängung angebracht werden, um die Bewegungsfreiheit im Korbe nicht zu stören. Der von unten durchsichtige Kompaß, mit Doppelrose (oben und unten ablesbar) versehen, läßt sich, auch im Ringe aufgehängt, zur Feststellung der Fahrtrichtung von der Gondel aus benutzen.

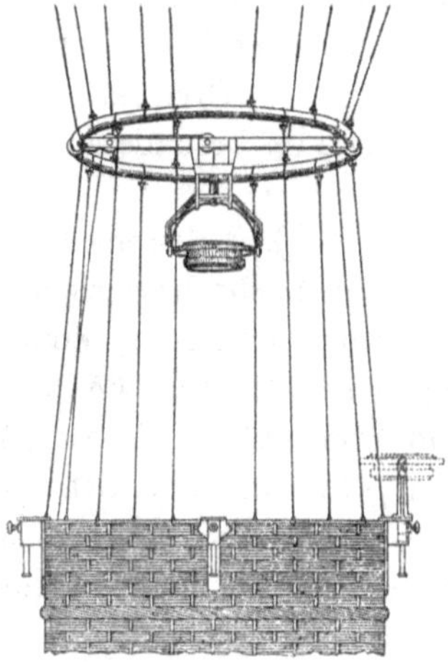

Zur Azimutmessung läßt man den Kompaß an einer Zugvorrichtung herunter, hakt ihn aus und setzt ihn, jetzt den Bügel nach unten gekehrt, ebenfalls in Cardanischer Aufhängung in eine der Metallbuchsen, die, wie nebenstehende Abbildung zeigt, an den vier Korbseiten des Ballons außen angebracht sind. Bei der Erprobung im Freiballon hat es sich wegen der fortwährenden Korbdrehung als vorteilhaft erwiesen, den Kompaß, dessen Anbringung unten in der Gondelmitte störend, bei höherer Sonnenstellung sogar unbrauchbar wäre, schnell von einer Korbseite auf die andere zu versetzen, um in allen Drehungsphasen der Gondel rasch bequeme Azimutmessungen ausführen zu können.

Die auf den Kompaßrand aufzusetzende und im Horizont drehbare Peilvorrichtung hat einen auch in der Vertikalebene beweglichen Spiegel, auf der einen Seite mit dunklem, auf der anderen mit hellem Glase belegt. Für Peilungen auf Sonne und Mond wird zur Einstellung des Gestirns die dunkle Seite benutzt, bei der Sonne außerdem eins der am Augenprisma vorzuschiebenden

Blendgläser; bei Peilungen auf andere Gestirne, insbesondere auf den zur Kompaßkontrolle vorzüglich sich eignenden Polarstern (siehe Tafel 5) findet die helle Spiegelseite bei beleuchtetem Kompaß Verwendung. Das zu peilende Gestirn (bei Sonne und Mond die vertikale Mittellinie der Scheibe) wird durch Drehung der Peilvorrichtung möglichst scharf auf den Metallfaden der Peilklappe gestellt und taucht, durch das Augenprisma betrachtet, mit dem Faden gespiegelt in die nach ganzen Graden fortschreitende horizontale Kompaßteilung ein. An letzterer wird unmittelbar das magnetische Azimut des Gestirns (Horizontalwinkel zwischen dem Vertikal des Gestirns und dem magnetischen Meridian) bis auf $^1/_{10}$ Grad abgelesen und jedesmal die zugehörige Beobachtungszeit nach der Uhr notiert. Durch Anbringung der anderweitig bekannten magnetischen Deklination (Abweichung zwischen magnetischer und astronomischer Nordsüdrichtung) für den betreffenden Beobachtungsort (siehe Karte II für Deutschland und Karte III für Europa) erhält man das astronomische Azimut (s. S. 44) des Gestirns (Horizontalwinkel zwischen Gestirnsvertikal und Ortsmeridian).

Solche magnetischen Azimutmessungen setzen voraus, daß der Peilkompaß gegen störende Einwirkungen von Eisenmassen im Ballon geschützt ist oder dafür besonders kompensiert wird, also daß praktisch eine Deviation oder Ablenkung der Kompaßnadel aus der magnetischen Nordsüdrichtung nicht vorhanden ist. Im Freiballon kann man auf Grund besonderer Erprobungen sogar bei Verwendung eines eisernen Ballonringes auch den unkompensierten Kompaß im allgemeinen als deviationsfrei innerhalb der Beobachtungsfehler ansehen. Dies gilt sowohl für die obere zentrale Lage beim aufgehängten Kompaß als auch, was besonders wichtig ist, für die exzentrische Befestigung desselben am Korbrande bei Ausführung der Azimutmessungen. Nur muß dafür gesorgt werden, daß kleinere Eisenmassen, wie Schlüsselbunde, Messer usw. am Korbboden verstaut werden, während größere Stahlmassen, wie z. B. Waffen, mehrere Meter tief unter der Gondel aufzuhängen sind. Im Motorballon dagegen muß naturgemäß der Peilkompaß nicht nur zur Azimutmessung, sondern auch schon, um die richtige Steuerung zu gewährleisten, gegen den magnetischen Einfluß der Eisenteile im Ballon kompensiert werden. In den meisten Fällen genügen dazu kleine, unter der Kompaßrose anzubringende Stahlmagnete, deren Wirkung aber jedesmal vor dem Aufstiege in allen Drehungsphasen des Ballons untersucht werden muß, entweder

Will man das Nautische Jahrbuch nicht im Ballon mitnehmen, so genügt es, vor dem Aufstieg für mehrere die mutmaßliche Fahrtdauer einschließende Tage die Daten: Zeitgleichung (M. Z. — W. Z.), Sternzeit im M. Mittag, Sonnendeklination, Monddeklination und Rektaszension in das Beobachtungsjournal einzutragen. Für die Ortsbestimmung in der Nacht mittels Sternen reichen in der Regel sogar die auf Tafel 10 der vorliegenden Anleitung gegebenen Positionen heller Fixsterne zu einer genäherten Rechnung im Ballon aus.

Transformator.

Die schnelle Auswertung der Beobachtungen im Ballon, z. B. Ableitung von Breite aus Höhe, Stundenwinkel und Deklination eines Gestirns oder auch von Stundenwinkel und Breite aus Azimut, Höhe und Deklination, kann, wie im nächsten Abschnitt nach Erprobung in der Gondel gezeigt wird, gelegentlich auf graphischem Wege durch Benutzung eines sogenannten Transformators nicht unerheblich erleichtert werden. Hierzu dient eine besondere Meßkarte[8]) zur Auflösung sphärischer Dreiecke im System von Horizont und Äquator, wie sie schon vor langer Zeit von den Astronomen P. Braun und Chauvenet entworfen wurde und neuerdings von Kohlschütter und Körber in etwas verschiedener Ausführung mit vollständiger Gebrauchsanweisung herausgegeben ist. Die Genauigkeit der Ablesung beträgt bei der Meßkarte von Kohlschütter, deren obere drehbare Scheibe (24 cm Durchmesser) horizontale Koordinaten (Höhe und Azimut) enthält, etwa einen halben Grad (30′), für den Transformator von Körber aber, der oben die Koordinaten des Äquators (Deklination und Stundenwinkel) bringt, nur ungefähr einen ganzen Grad (1°) [9]).

---

[8]) Kohlschütter, Meßkarte zur Auflösung sphärischer Dreiecke. Verlag D. Reimer, Berlin 1905. Preis 3 Mark. Körber, Transformator für sphärische Koordinaten. Verlag D. Reimer, Berlin 1905. Preis 3 Mark. — Nach den Erfahrungen des Verf. empfiehlt sich nachts mehr die gelegentliche Benutzung des Körberschen Transformators in der Gondel, am Tage jedoch, besonders wenn zugleich Höhe und Azimut der Sonne beobachtet sind, ist der Transformator von Kohlschütter für die gelegentliche rohe Rechnung in der Gondel mehr zu empfehlen, da er auf der oberen drehbaren Scheibe die beobachteten Koordinaten im System des Horizont enthält. Die auf der Anweisung des letzteren im Ballon vorgeschlagene Peilung des Gestirns mit einem Taschenkompaß oder einer Schmalkaldener Bussole hat sich in der Praxis wegen der Drehung des Ballons als unmöglich herausgestellt (s. oben S. 12 Peilkompaß).

[9]) Vor etwa 7 Jahren hatte der Verfasser mit dem österreichischen Aeronauten Hauptmann Scheimpflug bereits die graphische Auswertung aeronautischer Ortsbestimmungen an einem ähnlichen, aber größeren Transformator versucht. Es

Es empfiehlt sich schließlich, daß der Ballonführer außer dem Nautischen Jahrbuch und dem Transformator, besonders im Motorballon, noch eine größere Azimuttafel zur Verfügung hat, um gelegentlich genauer als mit dem Transformator und mit den Azimuttabellen (siehe Tafel 6 der vorliegenden Anleitung) zu rechnen und speziell auch, um Gestirnspeilungen für die Kompaßkontrolle besser auswerten zu können. Besonders zweckmäßig und handlich ist hierfür die in einem Bande herausgegebene Azimuttafel von Ebsen[10]), welche in Intervallen von 10 Zeitminuten die wahren Azimute (bis auf $0{,}1^0$) der Gestirne zwischen $\pm 29^0$ Deklination und für die Breitenzonen bis $\pm 72^0$ gibt. Azimuttafel.

---

besteht die Absicht, diese größere Meßkarte zur wechselseitigen Verwandlung von Koordinaten des Horizonts (Höhe und Azimut) und des Äquators (Deklination und Stundenwinkel) demnächst zu veröffentlichen. Dieselbe wird bei einem Scheibendurchmesser von 32 cm die graphischen Rechnungen im Ballon bis auf $0{,}2^0$ (12′) sicher ausführen lassen, und zugleich besonders stabil mit Vermeidung von Schlotterungen in der Achsenführung der Drehscheibe konstruiert werden.

[10]) Azimuttafel von Ebsen. Hamburg. Verlag Eckardt & Meßtorff. Preis 7 Mark. — Hat man außer dem magnetischen Azimut auch die Höhe des Gestirns gemessen und gebraucht man das astronomische Azimut des Gestirns z. B. zur Kompaßkontrolle nur bis auf etwa $1/2^0$, so genügt meist auch die abgekürzte Azimuttafel 6 der vorliegenden Anleitung, aus welcher mit Eingang von Höhe, Deklination und Stundenwinkel nach ganz geringer Rechnung (durch Addition von drei in der Tafel gegebenen Zahlen) das astronomische Azimut des Gestirns folgt.

III. Methoden zur Ortsbestimmung im Ballon.

Sobald von der Gondel aus direkte Orientierungen nach der Karte versagen, wird der Ballonort durch astronomische Herleitung seiner geographischen Breite φ (Abstand vom Erdäquator im Meridianbogen, nördlich +, südlich —, gerechnet) und seiner geographischen Länge λ (Winkel- oder Zeitunterschied zwischen Ortsmeridian und Greenwicher Nullmeridian, östlich oder westlich von Greenwich gerechnet) bestimmt. Alsdann dient dieser astronomische Ballonort (φ, λ), unabhängig von seiner barometrisch herzuleitenden Seehöhe, indirekt zur geographischen Festlegung der Ballonposition auf der Karte.

Die Theorie der geographischen Ortsbestimmung, aus astronomischen Beobachtungen von Gestirnen mit bekannter Position am Himmel die Lage des Beobachtungsortes auf der Erde abzuleiten, kann im Rahmen dieser kurzen praktischen Anleitung nicht erörtert werden; hierfür sei u. a. auf des Verfassers Handbuch der geographischen Ortsbestimmung verwiesen. Nur einige auch für die astronomische Navigation in der Luft besonders wichtige Gesichtspunkte seien, soweit sie nicht schon in den zwei vorangehenden Abschnitten vorkommen, an dieser Stelle kurz erwähnt.

Prinzip der Ortsbestimmung.

Es gilt, die nach Ort und Zeit der Beobachtung veränderlichen Koordinaten geeigneter Gestirne im System des Horizonts (Höhe h vom Horizont und Azimut a vom Meridian ab gerechnet) zu messen und daraus mit den im Nautischen Jahrbuch (N. J.) tabulierten, von Ort und Zeit unabhängigen äquatorialen Koordinaten derselben Gestirne (Deklination δ vom Äquator ab und Rektaszension α vom Frühlingspunkt aus gezählt) unmittelbar die geographische Breite φ des Beobachtungsortes und mittelbar die Länge λ aus dem Stundenwinkel t des Gestirns (vom Meridian ab gezählt) sowie aus der Rektaszension α nach den in Abschnitt V gegebenen Reduktionstafeln zu berechnen. Wird z. B. die Sonne beobachtet, so gibt der u. a. aus Höhe und Deklination mit geschätzter Breite berechnete Stundenwinkel zunächst wahre Ortszeit, die durch Anbringung der Zeitgleichung (M. Z. — W. Z. aus N. J.) in mittlere Ortszeit zu verwandeln ist. Der westliche Stundenwinkel der Sonne t_w ist dabei unmittelbar gleich der wahren Ortszeit, der östliche t_o dagegen erst nach Abzug desselben von 12^h ($12^h - t_o$ = W. Ortsz. nach bürgerlicher Zeitrechnung). Werden Mond, große Planeten oder Fixsterne beobachtet, so folgt aus dem berechneten Stundenwinkel t in Verbindung mit der bekannten Rectaszension α zunächst Orts-Sternzeit ϑ, wobei für westliche Stundenwinkel $\vartheta = \alpha + t_w$, für östliche $\vartheta = \alpha - t_o$ ist und falls $t_o > \alpha$, zur Rectaszension 24^h addiert wird. Die so gefundene Ortssternzeit wird nach Subtraktion der Sternzeit im Mittleren Mittag (aus N. J.) und nach Anbringung der negativen Reduktion von Sternzeit auf Mittlere (Taf. 2) in mittlere Ortszeit verwandelt wird. Da die vor dem Ballonaufstieg kontrollierte Beobachtungsuhr, eventuell mit Berücksichtigung der Uhrkorrektion ΔU, mittlere Greenwicher Zeit (Gr. Zt. = M. E. Zt. — 1h) angibt, folgt aus dem Unterschiede zwischen der für die Beobachtung abgelesenen Uhrzeit U und der aus den Gestirnsmessungen mit dem Stundenwinkel berechneten mittleren Ortszeit sofort die Länge λ gegen Greenwich, und zwar, wenn die Ortszeit größer ist als die Greenwicher östlich, im umgekehrten Falle westlich von Greenwich.

Genauigkeit im Ballon.

Die Genauigkeit, mit welcher eine einzelne Orientierung in (φ, λ) aus astronomischen Ballonbeobachtungen sich ergibt, kann erfahrungsgemäß im günstigsten Falle auf etwa $0{,}1^\circ = 6$ Bogenminuten = 0,4 Zeitminuten geschätzt werden. Einer Bogenminute entsprechen auf der Erdoberfläche in meridionaler Richtung rund 1,85 km, im Parallelkreis für mittlere Breiten rund 1,3 km; daher läßt sich für eine astronomisch bestimmte Ballonposition der Minimalfehler gegenüber dem kartographisch festgelegten Ballonort auf etwa 10 km annehmen. Dies gilt aber nur für einen aus Gestirnshöhen abgeleiteten Ballonort, während die entsprechende Minimalunsicherheit aus Azimutbestimmungen mindestens doppelt so groß sein kann. Eine durchschnittliche Unsicherheit von rund 15 km bei der aeronautischen Ortsbestimmung erscheint zunächst ziemlich groß, wenn man damit vergleicht, daß auf See die Schiffsposition nach Sextantenmessungen bis auf etwa 2,5 km genau erzielt werden kann. Es läßt sich jedoch leicht einsehen, daß für die Zwecke der astronomischen Navigation in der Luft die erzielte Genauigkeit von durchschnittlich 15 km genügt, und daß es mit Rücksicht auf die sonstigen Schwierigkeiten im Ballon sogar nicht angebracht erscheint, diese Genauigkeit einer aeronautischen Ortsbestimmung nach Gestirnsbeobachtungen noch wesentlich zu steigern. Vom Schiff aus beträgt unter der Annahme einer Augenhöhe des Beobachters von 9 m über dem Wasser der Radius des natürlichen Horizonts oder die Gesichtsweite ($3.3 \sqrt{H}$ km) bei durchsichtiger Luft rund 10 km, so daß die Genauigkeit in der nautischen Ortsbestimmung in diesem Falle bis auf ein Viertel der Gesichtsweite geschätzt werden kann. Für einen Ballon dagegen, der z. B. nach einer aeronautischen Ortsbestimmung über den Wolken zur Landung heruntergeht, beträgt noch in 300 m Höhe die Gesichtsweite bei durchsichtiger Luft fast 60 km, so daß in diesem Falle die astronomische Orientierung auch bis auf ein Viertel der Gesichtsweite zutrifft; ganz abgesehen von der sonst viel gefahrloseren Navigation in der von Hindernissen freien Luft. Dazu kommt noch, daß nicht nur die Ausführung aeronautisch-astronomischer Messungen durch die Korbbewegungen im Freiballon und die Gondelerschütterungen im Motorluftschiff erschwert werden, sondern daß auch die sofort gebotene Auswertung der Ballonbeobachtungen in der Gondel für den Ballonführer eine relativ viel größere Leistung darstellt als die Ausführung der Schiffsrechnung für den Navigationsoffizier an Bord. Aus allen diesen Gründen liegt es sogar im Interesse einer allgemeinen Anwendung der aeronautischen Ortsbestimmung, im Ballon mit möglichst einfachen Beobachtungsinstrumenten und nach möglichst abgekürzten Näherungsrechnungen zu arbeiten, also im allgemeinen auf größere Genauigkeiten zu verzichten. Die alsbald im einzelnen (Abschnitt IV) durch Beispiele erläuterte Herleitung astronomischer Ballonorte, getrennt für Nacht- und Tagfahrten, wird deshalb sogar außer der genaueren Berechnung nach besonderen Tafeln noch eine genäherte Auswertung der Beobachtungen mit abgekürzten Tabellen und gelegentlich sogar eine rohe Rechnung mit dem Transformator bringen, damit der Ballonführer möglichst schnell auch ein Näherungsresultat erhalten kann. Auf diese Weise gelingt es nach den Erfahrungen des Verfassers, z. B. während der Nachtfahrt aus je einer Höhenmessung des Polarsterns und eines Sterns im Ersten oder Ostwest-Vertikal in wenigen Minuten Breite und Länge in der Gondel zu rechnen.

Anordnung der Beobachtungen.

Bei dieser Gelegenheit sei ferner auf einige aus der Theorie der Ortsbestimmung folgende allgemeine Vorschriften zur vorteilhaftesten Anordnung der Beobachtungen an der Himmelssphäre aufmerksam gemacht, die auch für die astronomische Orientierung im Ballon von Wichtigkeit sind.

Höhenmessungen zur Bestimmung der geographischen *Breite* werden am zweckmäßigsten an solchen Gestirnen angestellt, die *in* oder *nahe dem Meridian* (Nordsüd-Richtung) stehen; alsdann haben Fehler in der angenommenen Ortszeit (Länge) und in der gemessenen Höhe den geringsten Einfluß auf die gesuchte Breite.

Höhenmessungen zur Herleitung der *Ortszeit* oder indirekt der geographischen *Länge* sind dagegen am vorteilhaftesten an Gestirnen *in* oder *nahe* dem *ersten Vertikal* (Ostwest-Richtung) auszuführen, weil bei dieser Stellung der Gestirne etwaige Fehler in der angenommenen Breite und in der gemessenen Höhe im Minimum auf die gesuchte Zeit einwirken.

Hieraus folgt die allgemeine Vorschrift, daß zur *Breitenbestimmung* Gestirnshöhen nahe dem *Meridian* und zur *Längenermittlung* Gestirnshöhen nahe dem *Ostwest*- oder I. *Vertikal* gemessen werden, eine Forderung, der nachts bei Auswahl geeigneter heller Sterne (Tafel 10) stets genügt werden kann. Am Tage dagegen gestaltet sich, außer wenn Sonne und Mond gleichzeitig sichtbar sind, die Ortsbestimmung schwieriger, da meistens nur das Tagesgestirn allein zur Verfügung steht. Dann müssen für eine vollständige Ortsbestimmung (φ, λ) außer Höhenmessungen ($h_{\odot}$) noch Azimuteinstellungen ($a_{\odot}$) der Sonne gemacht werden; je nachdem die Sonne näher zum Meridian oder zum ersten Vertikal steht, wird aus $h_{\odot}$ die Breite und aus $a_{\odot}$ die Länge oder aus $a_{\odot}$ die Breite und aus $h_{\odot}$ die Länge hergeleitet. Hierbei ist für die Zeitfixierung und Reihenfolge bei der Ausführung der Beobachtungen noch zu beachten, daß im *Meridian Höhenänderungen* ein *Minimum*, *Azimutänderungen* ein *Maximum* aufweisen, während im *ersten Vertikal* gerade umgekehrt die *Höhe* am *schnellsten*, das *Azimut* viel *langsamer* sich ändert. Steht also die Sonne nahe dem Meridian-so wird erst die Höhe, dann das Azimut beobachtet und die Ballon, position auf das Zeitmoment des letzteren bezogen; umgekehrt verfährt man bei Stellung der Sonne in der Nähe des Ostwest-Vertikals. Bei einer nur näherungsweise mit Benutzung des

Transformators durchzuführenden Rechnung des Ballonortes findet man übrigens aus Höhe und Azimuth der Sonne in Verbindung mit der Deklination sofort Breite und Stundenwinkel.

Nachts kann der eben erörterte Fall, daß außer Höhen- auch Azimutmessungen zur Herleitung des Ballonortes auszuführen sind, abgesehen von dem Spezialfalle, daß Breite und Länge allein nach dem Polarstern (S. 37) hergeleitet werden sollen oder etwa eine Kompaßkontrolle erwünscht ist, eigentlich nur dann eintreten, wenn etwa bei bedecktem Himmel nur der Mond durch Wolkenschleier oder Lücken sichtbar ist. Zur Beurteilung der astronomischen Sichtbarkeit des Mondes diene daher die einfache Regel, daß unser Satellit in der Phase des ersten Viertels den ersten Teil, beim letzten Viertel den letzten Teil der Nacht scheint, als Vollmond aber die ganze Nacht hindurch sichtbar bleibt.

Ausrechnung. Bevor nun die einzelnen Aufgaben der Breiten- und Längenbestimmung im Ballon mit Formel, Schema und Beispiel durchgeführt werden, sollen an dieser Stelle zur Aufklärung erst noch die Erfahrungen des Verfassers hinsichtlich der zweckmäßigsten rechnerischen Lösung dieser aeronautisch-astronomischen Aufgaben während der Fahrt kurz mitgeteilt werden. Auch der Verfasser glaubte früher [11]) vom theoretischen Standpunkte aus, daß in der Aeronautik ebenso wie in der Nautik die graphische Methode der »Standlinien«, aus dem sogenannten Sumner-Verfahren (Eintragung von Linien gleicher Gestirnshöhe in die Merkatorkarte) weiter entwickelt, die zweckmäßigste Auswertung eines astronomischen Ballonortes darstelle. Praktische Versuche bei den Ballonfahrten ließen ihn jedoch bald erkennen, daß die mit dieser sonst vorzüglichen Methode verbundenen Reduktionen und Zeichnungen in der Gondel ziemlich lange aufhalten und den Nichtfachmann leicht zu Irrtümern führen. Es wurde deshalb zu der im folgenden vorgeschlagenen, durch kurze Tafeln erleichterten direkten und getrennten Auswertung von Breite und Länge übergegangen, nachts aus je einer Höhenmessung (z. B. Polarstern und Ostwest-Stern) und am Tage aus Höhe nebst Azimut der Sonne. Auch in dem ungünstigen Falle, daß nur Höhen der Sonne (keine Azimute) gemessen werden können, empfiehlt es sich zumeist, entweder die

---

[11]) Vgl. Marcuse, Protokoll der III. Versammlung der Intern. Kommission für wissenschaftliche Luftschiffahrt, Straßburg 1902. Handbuch der geographischen Ortsbestimmung, Braunschweig 1905. Illustrierte Aeronautische Mitteilungen 1907 Heft 1.

Breite (Sonne näher dem Meridian) oder die Länge (Sonne näher dem ersten Vertikal) direkt auszurechnen und nach einiger Zeit eine neue Positionsbestimmung auszuführen. Eine Versegelung von der ersten zur zweiten Position kennt man beim Fehlen der Orientierung nach unten in der Gondel nicht, daher versagt in diesem Falle die Standlinienmethode zur Ermittlung des Ballonorts. Außerdem ist nicht einmal darauf Verlaß, daß die einzelne Standlinie für längere Zeit der Flugbahn des Ballons entspricht, wenn der Ballon etwa die Höhenlage wechselt oder der Wind sogar in derselben Höhenschicht sich dreht [12]).

Im folgenden Abschnitt IV sind daher die einzelnen Aufgaben im Ballon, getrennt für Nacht- und Tagfahrten, stets mit direkter Auswertung von Breite und Länge und unter Beifügung von Formel, Schema und Beispiel, zusammengestellt. Ferner sind zumeist die Rechnungen einmal als genäherte, mit Benutzung abgekürzter Tafeln (V) oder gelegentlich auch des Transformators, und zweitens als genauere nach der einfachen und übersichtlichen Tabelle der Merkatorfunktionen (s. Tafel 9) durchgeführt worden. Für die Theorie dieser sogenannten Funktionen der wachsenden Breite, die gleichfalls aus den Grundlagen des Sumner-Verfahrens sich entwickelte und besonders von Börgen ausgestaltet wurde, sei auf des Verfassers Handbuch der geographischen Ortsbestimmung (1905) verwiesen, wo bereits die Verwendung der Merkatorfunktionen für astronomische Rechnungen im Ballon vorgeschlagen und durch Beispiele erläutert worden ist. An dieser Stelle diene zum besseren Verständnis der mit den Merkatorfunktionen auszuführenden Berechnungen nur folgendes

Die Merkator- oder Seekarte, bei welcher die Längengrade überall gleiche lineare Größe, die Breitengrade aber vom Äquator zu den Polen proportional der Sekantenfunktion der Breite ($\sec\varphi$) wachsen, führt unmittelbar zu den Rechnungen mit Merkatorfunktionen oder Funktionen der wachsenden Breite. Der lineare Abstand irgendeines Breitenparallels vom Äquator auf einer für die Kugel mit dem Radius 1 entworfenen Merkatorkarte,

---

[12]) Es wäre möglich, daß im Motorballon, in welchem eine Art Schiffsrechnung nach Kurs und Eigengeschwindigkeit z. B. bei Anwendung geeigneter aeronautischer Logvorrichtungen geführt werden könnte, sich gelegentlich auch die Methode der Standlinien mit Vorteil anwenden ließe. Darüber müßten noch besondere Versuche angestellt werden, die der Verf. auszuführen gedenkt, sobald ihm auch Fahrten im Motorballon zur Verfügung stehen.

ausgedrückt in Bogenminuten, heißt **Merkatorfunktion**. Dieselbe wird durch alle Quadranten als Funktion (f x^0) und Kofunktion [cof x^0 = f(90^0 — x^0)] numerisch tabuliert und ersetzt die gewöhnlichen logarithmisch-trigonometrischen Tabellen nebst anderen Hilfstafeln, wobei die Rechnungen zugleich einfacher, sicherer und übersichtlicher werden. Bei dieser Tabulierung genügt es, in Analogie mit den trigonometrischen Funktionen, die bei den Aufgaben der Ortsbestimmung durch Merkatorfunktionen ersetzt werden, die Werte von f(x) und cof (x) nur für den ersten Quadranten zu tabulieren (s. Tafel 9 nebst Erläuterung); graphische Eintragungen in die Karte, wie sie für die Methode der Standlinien nötig sind, bei der natürlich auch nach Merkatorfunktionen gerechnet werden kann, fallen dabei fort.

IV. Formeln, Schemata und Beispiele der Ortsbestimmung im Ballon.

Allgemeine Bezeichnungen und Erklärungen.

h_0 = Höhe, am Instr. abgelesen.
I = Indexfehler (vorher bestimmt oder dem Instr. beigegeben).
R = Refraktionskorrektion (Taf. 3, stets negativ an h_0).
h = wahre Höhe = $h_0 + I - R$.
δ = Deklination des Gestirns oder Abstand desselben vom Himmelsäquat. (N. J. od. Tafel 10.)
φ_0 = Geschätzte Breite (meist nur auf ganze Grade).
φ = Gesuchte Breite.
d = Magnetische Deklination für das Nordende der Kompaßnadel oder Abweichung der magnetischen von der astronomischen Nordrichtung (in Deutschland, Karte II, westlich).
a° = Magnetisches Azimut, entweder von Norden über O, S, W oder auch von Süden über W, N, O meist von 0° bis 360° gezählt. Bei Sonnenbeobachtungen (s. S. 44) empfiehlt es sich, a° von Süden (O. C.) nach Westen nachm. oder nach Osten vormittags entsprechend dem Stundenwinkel zu zählen.
a = Astronomisches Azimut, ebenso gezählt; $a = a^\circ - d$ für westliche, $a = a^\circ + d$ für östliche magnetische Abweichung. Für Sonnenbeobachtungen (vorm. oder nachm.) s. S. 44
U = Uhrzeit nach der Uhr.
ΔU = Uhrkorrektion (vorher durch Uhrvergleichung bestimmt).
α = Rektaszension des Gestirns oder Abstand desselben vom Frühlingspunkt ($\alpha = 0^h$) N. J. oder Taf. 10.
t = Stundenwinkel des Gestirns (t_w westlich, t_0 östlich vom Südmeridian, obere Kulmination).
ϑ = Orts-Sternzeit = $\alpha + t_w$ oder $\alpha - t_0$ (s. S. 28).
λ_0 = Geschätzte Länge gegen Greenwich (meist nur auf ganze Grade oder Zeitminuten).
λ = Gesuchte Länge gegen Greenwich (westlich oder östlich).

Sonnenbeobachtungen.

Zeitgleichung: Ztgl. = M.Z. — W.Z. (N. J.), a.m. = vormittags p. m = nachmittags; M. Z. = W. Z. + Ztgl., W. Z. = M. Z. — Ztgl. p. m. W. Z. = t_w, westlicher Stundenwinkel der Sonne; a. m. W. Z. = $12^h - t_0$ (bürgerliche Zeitrechnung 12^h = Mittag).

Sternbeobachtungen.

Orts-Sternzeit $\vartheta = \alpha + t_w$, falls $\alpha + t_w > 24^h$, werden 24^h abgezogen. Orts-Sternzeit $\vartheta = \alpha - t_o$, falls $t_o > \alpha$, wird zu α 24^h addiert. $t_w = \vartheta - \alpha$, falls $\alpha > \vartheta$, werden 24^h zu ϑ addiert; $t_o = \alpha - \vartheta$, falls $\vartheta > \alpha$, werden 24^h zu α addiert (astronomische Zeitrechnung $0^h - 24^h$, 0^h = Mittag, 12^h = Mitternacht). Stern Zt. > Mittl. Zt. pro Tag um rund 4 Minuten.

Zur Verwandlung von M. Z. in St. Z. wird zur M. Z. die Reduktion aus Tafel 2 + St. Z. im Mittl. Mittag des Beobachtungstages (N. J.) hinzugefügt. — Zur Verwandlung von St. Z. in M. Z. wird von der Sternzeit die St. Z. in M. Mittag subtrahiert (N. J.) und von dieser Differenz noch die entsprechende Reduktion auf M. Z. (Tafel 2) abgezogen.

A. Ortsbestimmung bei Nacht.

Beobachtung: Zwei Gestirnshöhen mit dem Libellenquadranten messen (Instrument senkrecht halten, elektrisch beleuchten) und jedesmal die Uhrzeit notieren; eine Höhe in Nord-Süd (am besten Polarstern) für Breite φ und die andere in Ost-West (Stern, Planet oder auch Mond) für Länge λ.

Breite φ nachts.

Zur Bestimmung der Breite nachts im Ballon dient vor allem der Polarstern, dann, falls derselbe nicht zu beobachten ist, ein heller Stern nahe dem Meridian und endlich im Notfalle auch ein heller Stern weiter ab vom Meridian.

1) φ Breite aus der Höhe des Polarsterns.

1) φ Polaris.

Höhe einstellen, erst Uhr, dann Höhenkreis ablesen; Zeitangaben genügen auf ganze Minuten, Winkelgrößen auf ganze Bogenminuten.

Formel: $\varphi = h + \Delta h$ (Tafel 4, mit genäherter Orts-Sternzeit einzugehen).

Schema: Uhrzeit (Greenw.) ..	h_o ....
λ_o gegen Greenw.	I ....
	R (Tafel 3) — ....
Mittl. Ortszt.	
+ Red. auf Sternzt. (Tafel 2).	h ....
+ St. Zt. im M. Mittag (N. J.).	Δh (Tafel 4) ....
Orts-Sternzt.	φ = ...

Beispiel: 1908 Sept. 18 Nachtfahrt; Polarstern. Beob. A. M.

U (Greenw.)	$13^h\ 48^m$	h_0	$54^\circ\ 30'$	
λ_0 Östl. Gr.	+ 48	I	— 7	
M. Ortszt.	14 36	R (Taf. 3)	— 0	
+ Red. St. Zt. (Taf. 2)	+ 2	h	54 23	
+ St. Zt. M. M. (N. J)	+ 11 48	Δh (Taf. 4)	— 1 8	Abweichung gegen richtige
Orts. St. Zt.	$2^h\ 26^m$	φ =	$53^\circ\ 15'$	Ortsbreite 5'

Ein Fehler sogar bis zu 20 Zeitminuten oder 5° in der angenommenen Länge λ_0 gibt im Maximum nur einen Fehler bis zu 6' in der Breite aus Polarishöhen. Die Verwandlung in Zeit der aus der Karte meist in Graden entnommenen Längen gegen Greenwich gibt Tafel 1 [13]).

2) φ Sternhöhe nahe Meridian (bis $1^h\ 20^m$ oder 20° Ost-West-Abstand). 2) φ Stern nahe Meridian.

Man findet zunächst die astronomische Meridianrichtung im Ballon genähert durch direkte Visierung auf Polaris oder genauer durch Einstellung am Peilkompaß auf Polaris, der stets bis auf wenige Grade im Meridian steht (Tafel 5). Außerdem hilft Tafel 10 mit der Liste von hellen Fixsternen und ihren Kulminationsdaten für 8^h, 12^h, 4^h nachts zur Auffindung geeigneter Sterne nahe dem Meridian. Endlich gestatten auch, falls der Mond oder einer der großen Planeten in Frage kommt, die Angaben des N. J. betreffend die Meridiandurchgangs-Zeiten jener Gestirne ein Urteil über den Abstand derselben vom Meridian.

Formel: Nur für Gestirne südlich vom Zenith

$$\varphi = \delta + (90^\circ - h) - C. (t^2/60)'$$

Zeitangaben auf ganze Minuten, Winkelgrößen auf Bogenminuten, Breitenkorrektion C. $(t^2/60)'$ aus Tafel 7 stets negativ, da die Breiten aus Höhen außerhalb des Meridians ohne Korrektion immer zu groß herauskommen.

[13]) Gerade die einfache und schnell auswertbare Breitenbestimmung nach dem Polarstern ist jedem Ballonführer, der sich in die astronomische Ortsbestimmung im Ballon einarbeiten will, zuerst zu empfehlen. Die Freude an den mit dieser einfachen Methode ziemlich mühelos gewonnenen Resultaten wird ihn zum Studium auch der anderen Aufgaben der Ortsbestimmung anregen.

Schema:

U (Greenw.)	h_0 ....
λ_0 gegen Gr.	I ....
M. Ortszt.	R — ....
+ Red. St. Zt. (Tafel 2)	h ....
+ St. Zt. M. M. (N. J.)	90 — h ....
Orts-Sternzt. ϑ	δ (N. J. oder Tafel 10) ....
α (N. J. oder Tafel 10)	$90^\circ - h + \delta$ ....
Stundenwinkel $t = \vartheta - \alpha$	C. $(t^2/60)'$ — ....
$(t^2/60)'$ nach Tafel 7^a	$\varphi =$ ....
C. nach Tafel 7^b	
C. $(t^2/60)'$	

Beispiel: 1908 Febr. 24. Abds. β Orionis (Süd). Beob. A. M.

U (Greenw.)	$7^h\ 1^m$	h_0	$27^\circ\ 56'$
λ_0 östl. Gr.	+ 54	I	— 4
M. Ortsz.	7 55	R (Tf. 3) —	2
+ Red. St. Zt. (Taf. 2) +	1	h	27 50
+ St. Zt. M. M. (N. J.) +	22 12	$90^\circ - h$	62 10
Orts St. Zt. ϑ ($30^h - 24^h$)	6 8	δ (Tf. 10) —	8 18
α (Tafel 10)	5 10	$90^\circ - h + \delta$	53 52
$t = \vartheta - \alpha$	58^m	C. $(t^2/60)'$	— 1 18
$(t^2/60)'$ (Tafel 7^a)	56 {56.'1	$\varphi =$	$52^\circ\ 34'$
C (Tafel 7^b)	22 { 1.4		
C. $(t^2/60)' =$	78'		

Abweichung gegen richtige Ortsbreite 3'

Spezialfälle von 2) φ: Südstern im Meridian.

Kann man einen Südstern ziemlich genau im Meridian beobachten (bis auf 10^m oder $2^\circ{,}5$ östlich oder westlich davon), wozu sich in mittleren Breiten Sterne von $+12^\circ$ bis -20° Deklination (Tafel 10 Stern Nr. 6, 7, 8, 10, 12, 13, 15, 17, 21, 23) im Ballon besonders eignen, so folgt aus der Meridianhöhe eine innerhalb 6' genäherte Breite schon nach der einfachen Formel: $\varphi = \delta + (90^\circ - h)$.

In diesem Falle liefert übrigens auch die bekannte Rektaszension des Sterns (im Meridian $\alpha = \vartheta$) unmittelbar eine genäherte Kenntnis der Orts-Sternzeit, natürlich mit einem Fehler gleich dem Betrag des kleinen Stundenwinkels; vergleicht man diese aus α (N. J.) folgende Orts-Sternzeit mit der in Sternzeit verwandelten

Uhrangabe (U_* Greenwich), so ergibt sich eine rohe Schätzung der jeweiligen Länge gegen Greenwich, also $\lambda_0 = (U)_* - \vartheta$.

Zirkumpolarsterne in unterer Kulmination.

Dasselbe gilt in mittleren Breiten für Zirkumpolarsterne in unterer Kulmination, die also unterhalb des Polarsterns (da alsdann $h < \varphi$) den Nordmeridian passieren (z. B. die Sterne des großen Bären Tafel 10, Karte I) und von der Ballongondel aus ebenfalls bequem zu beobachten sind. Alsdann ergibt die einfache Formel für eine Meridianhöhe in unterer Kulmination: $\varphi = (90° + h) - \delta$ die Ortsbreite.

Für die geschätzte Länge nimmt man in diesem Falle wegen der unteren Kulmination eine um 12^h kleinere Rektaszension des Sterns, so daß $\lambda_0 = (U)_* - (\alpha - 12^h)$ wird.

Beispiel: Südstern β Orionis (Meridian nach Polaris gepeilt) 1908 Febr. 19. Beob. A. M.

U (Greenw.)	6^h	25^m	h_0	29°	13′	
+ Red. St. Zt. (Taf. 2) +		1	I		0	Abweichung gegen richtige Ortsbreite 0′
+ St. Z. M. M. (N. J.) +	21	52	R	—	2	
Gr. St. Zt. ($28^h - 24^h$) $(U)_*$	4	18	h	29	11	
α (Tafel 10) = ϑ	5	10	90° — h	60	49	Abweichung gegen richtige Länge $1^m,5$
$\lambda_0 = (U)_* - \alpha$	0^h	52^m	δ (Tf. 10) —	8	18	
östl. Greenw.			φ =	52°	31′	

Nordstern ζ Ursae maj. in U. C. (Meridian mit Polaris geschätzt) 1908 Nov. 26. Beob. A. M.

U (Greenw.)	8^h	3^m	h_0	18°	6′	
+ Red. St. Zt. (Taf. 2) +		1	I		0	Abweichung gegen richtige Ortsbreite 10′
+ St. Zt M. M. (N. J.) +	16	20	R	—	3	
Gr. St. Zt. $(U)_*$	0	24	h	18	3	
$\alpha - 12^h$ (N. J.) = Orts St. Zt.	1	20	90° + h	108	3	Abweichung gegen richtige Länge $2^m,5$
λ_0	—	56^m	δ (N. J.)	55	24	
östl. Greenw.			φ =	52°	39′	

3) φ Sternhöhe weiter ab vom Meridian (nur gelegentlich).

3) φ Sternhöhe weit ab vom Meridian.

Wenn z. B. der Himmel teilweise bewölkt ist oder wenn aus anderen Gründen die Beobachtung eines Sterns dicht am Meridian nicht gelingt, so läßt sich auch eine Sternhöhe weiter ab vom Meridian zur Breitenbestimmung verwenden. Die Winkelangaben erfolgen auf die ganze Bogenminute, die Zeitangaben bis auf einige Sekunden. Sternhöhe einstellen, Uhrzeit notieren, Kreis am Libellenquadranten ablesen.

Je nachdem die Berechnung eine genäherte, in diesem Falle mit dem Transformator, oder eine genauere nach der Tabelle der Merkatorfunktionen (Tafel 9) ist, werden die Daten auf Zehntel Grade oder ganze Bogenminuten abgerundet.

Schema: U (Greenw.)	h_0 ....
Δ U	I ....
λ_0 gegen Gr.	R — ....
Mittl. Ortszt.	h ....
+ Red. auf St.-Zt. (Taf. 2)	δ (Tafel 10) ....
+ St.-Zt. M. M. (N. J.)	
Orts-St.-Zt. ϑ	
α (Tafel 10)	
$t = \vartheta - \alpha$	
in Bogen t° mit Taf. 1	

Beispiel: 1908 Sept. 15 α Aquilae Beob. A. M.

U (Greenw.)		8^h 51^m 30^s		h_0		42°	$14'$
Δ U Uhrkorr.	+	5		I		—	7
λ_0 gegen Gr.	+	53 35		R		—	1
M. Ortszt.		9 45 10		h		42°	$6'$
Red. St.-Zt. (Taf. 2)	+	1 37		δ (N. J.)	+	8°	$38'$
St.-Zt. M. M. (N. J.)	+	11 36 2					
Orts-St.-Zt. ϑ		21 22 49					
α (N. J.)		19 46 19					
$t^h = \vartheta - \alpha$	+	1^h 36^m 30^s					
t° (Tafel 1) westl. 24° $7'$							

Genäherte Rechnung. a) Genäherte Rechnung mit Transformator (in der Gondel). Auf dem äquatorialen Koordinatennetz wird der Punkt (t, δ), der dem Stundenwinkel und der Deklination des Sterns entspricht, eingetragen und die Zelluloidscheibe so lange gedreht, bis der zur beobachteten Höhe h gehörige Höhenkreis auf dem Horizontal-Koordinatennetz durch den bezeichneten Punkt (t, δ) hindurchgeht. Alsdann gibt die Stellung der beweglichen zur festen

Scheibe am Rande bei P unmittelbar die Polhöhe oder geographische Breite des Beobachtungsortes nach der auch auf dem Transformator gegebenen ausführlichen Anweisung.

Für die Lösung der vorliegenden Aufgabe ist der Körbersche Transformator trotz weniger genauer, aber Nachts besser ablesbarer Teilung deshalb vorzuziehen, weil bei ihm die obere rotgeteilte Drehscheibe aus Zelluloid Äquatorkoordinaten enthält (bei dem Transformator von Kohlschütter Horizont-Koordinaten), so daß unmittelbar der Punkt (t, δ) auf derselben mit Tinte oder Tintenstift markiert werden kann. Dann dreht man, wie nochmals wiederholt sei, die rote Scheibe so lange, bis der markierte Punkt (t, δ) auf den der Sternhöhe h entsprechenden schwarzen Höhenkreis kommt und liest aus der Stellung von P über der schwarzen Scheibe sofort die Polhöhe oder Breite ab.

Für die genäherte, meist allerdings ziemlich rohe Rechnung mit dem Transformator (Körber) genügt es, aus dem oberen Beispiel $t = 24°$, $\delta = 8°{,}5$, $h = 42°$ zu nehmen. Punkt (t 24°; δ 8°,5) wird auf das rote Koordinatennetz eingezeichnet und dieselbe Polarscheibe so lange gedreht, bis jener Punkt (t, δ) mit dem zu $h = 42°$ gehörigen Höhenkreise koinzidiert. Dann ergibt unmittelbar die Lage von P am Westhimmel $\varphi = 52°{,}5$.

b) Genauere Rechnung mit Merkatorfunktionen (eventuell bei späterer Berechnung der Fahrt).

Formel[14]):

$$\begin{aligned} f\varphi &= f(90° - h + \delta) - f\xi \\ \mathrm{cof}\,\xi &= 2\,\mathrm{cof}\,t - \mathrm{cof}\,\xi_1 \\ f\xi_1 &= f\varphi_0 + f(90° - h - \delta) \end{aligned}$$

Breite φ wird also aus den Hilfsgrößen ξ und ξ_1 nach Tafel 9 hergeleitet unter Zugrundelegung eines genäherten Breitenwertes, der aber nur auf ganze Grade geschätzt zu werden braucht.

Schema: Zunächst sind wie oben S. 32 die Größen t, $90° - h$ und δ bis auf die Bogenminute zu nehmen. Dann

[14]) Für nähere Einzelheiten s. S. 23 und vor allem die Originalabhandlung von Börgen, Über die Auflösung nautisch-astronomischer Aufgaben mit der Tabelle der Merkatorfunktion (Archiv Deutsche Seewarte 1898).

$f\,\varphi_0$	cof t	f (90° — h + δ) ..
+ f (90° — h — δ) ..	2 cof t	— f ξ ....
$f\,\xi_1$	— cof ξ_1	f φ ....
dazu aufschlagen cof ξ_1	cof ξ	φ ....
	dazu f ξ	

Beispiel: Dasselbe wie oben 1908 Sept. 15 α Aquilae

$t = 24°\,7'$, $\delta = 8°\,38'$, $h = 42°\,6'$, φ_0 53°

$90° - h = 47\;\;54$,

$90° - h - \delta = 39°\;16'$ Nun nach Taf. 9 die Funktionen
$90° - h + \delta = 56\;\;32$ und Kofunktionen aufschlagen.

$f\,\varphi_0$	3764	cof t	5307	f (90° — h + δ)	4132
+ f (90° — h — δ)	2566	2 cof t	10614	— f ξ	432
$f\,\xi_1$	6330	— cof ξ_1	1100	f φ	3700
cof ξ_1	1100	cof ξ	9514	φ =	52° 21'
		f ξ	432	Abweichung gegen richtige Ortsbreite 7'.	

Setzt man für den Näherungswert der Breite nicht 53°, sondern 52°, so kommt fast genau dasselbe ($\varphi = 52°\,19'$) heraus.

Länge λ nachts.

Zur Bestimmung der Länge nachts im Ballon dienen Höhen von Gestirnen in der Nähe des zum Meridian senkrechten Ostwest- oder Ersten Vertikals. Im Notfalle kann bis zu 30° oder 2^h auf beiden Seiten von diesem Vertikal abgegangen werden. In solcher Stellung finden sich stets geeignete helle Sterne (Tafel 10), manchmal auch große Planeten oder der Mond.

1) λ Länge aus Gestirnshöhen nahe dem I. Vertikal.

1) λ Gestirnshöhe nahe I. Vertikal

Höhe messen, erst Uhr notieren, dann Höhenkreis ablesen; Zeitangaben auf Zehntel Zeitminuten, Winkelgrößen auf ganze Bogenminuten.

Formel: λ = M. Z. Greenwich (Uhr) — M. Z. Beobachtung (aus t).

Schema:		
U (Greenw.)	h_0	φ (Polaris) ......
Δ U	I	δ (Tafel 10) .....
M. Z. Greenw....	R —	φ — δ ....
	h	

Nunmehr erfolgt die Berechnung des Stundenwinkels etwa bis auf 30^s oder $7'.5$ genau unmittelbar durch Addition dreier Zahlen, die aus Tafel 8 A, B gefunden werden und mit deren Summe in Tafel 8 C eingegangen wird.

mit φ	aus Tafel 8 A	....
„ δ	„ „ 8 A	....
„ $\varphi - \delta$ } „ h	„ „ 8 B	....
Summe		....
(falls über 3 Ziffern, erste Ziffer fortlassen)		
Mit Summe aus Taf. 8 C $t =$		.....

α (Tafel 10)	....
t_o t_w	....
$\vartheta = \alpha + t_w$	....
$= \alpha - t_o$	....
St. Z. M. M. (N. J.) —	....
Red. auf M. Z. (Taf. 2) —	....
M. Z. Beobachtung	....
(U) M. Z. Greenw.	....
λ	....

B e i s p i e l: a) 1908 Sept. 18. Nachtfahrt α Orionis Ost. Beob. A. M.

U (Greenw.)	12^h	$29^m.5$
ΔU	+	0.3
M. Z. Greenw.	12	29.8

h_o	18°	4′
I	—	7
R (Taf. 3)	—	3
h	17	54

φ (Polaris)	52°	42′
δ (Tafel 10)	+ 7	23
$\varphi - \delta$	45	19

Mit φ	52°.7	aus Tafel	8 A	217
„ δ	7 .4	„ „	8 A	4
„ $\varphi - \delta$	{45°.3}	„ „	8 B	602
„ h	{17 .9}			823

Mit 823 aus Tafel 8 C $t_o = 4^h\ 41^m.5$

α (Tafel 10)	5^h	$50^m.3$	
t_o	4	41.5	
$\vartheta = \alpha - t_o$	1	8.8	
St. Z. M. M.	— 11	47.9	
$(25^h - 11^h)$	13	20.9	
Red. M. Z. (Taf. 2)	—	2.2	
M. Z. Beobachtung	13	18.7	
M. Z. Greenw.	12	29.8	
λ (Gr. — Beob.) =	— 0^h	$48^m.9$	östl. Gr.
(Tafel 1) =	12°	14′	östl. Gr.

Abweich. geg. genaue Länge $0^m.6 = 9'$

Beispiel: b) 1908 Sept. 18. Nachtfahrt Mond Ost. Beob. A. M.

U (Greenw.)	$14^h\ 12^m.8$	h_o	$34°\ 34'$	φ (Polaris)	$53°\ 17'$
ΔU	+ 0.3	I	— 7	δ ☽ (N. J.) Green. $14^h.2$	+ 23 49
M. Z. Greenw.	14 13.1	Beschickg. (Tafel 3^b)	+ 46	$\varphi - \delta$	29 28
		h☽	35 13		

Mit φ	$53°.3$	aus Tafel	8 A	224
„ δ	23.8	„ „	8 A	39
„ $\varphi - \delta$	29.5	„ „	8 B	472
„ h	35.2			
				735

Mit 735 aus Tafel 8 C $t_o = 4^h\ 11^m.5$

α ☽ (N. J.) Green. $14^h 2$		$7^h\ 2^m.8$	
t^o		4 11.5	
$\vartheta = \alpha - t_o$	=	2 51.3	
St. Z. M. M.	—	11 47.9	
$(26^h - 11^h)$		15 3.4	
Red. M. Z.	—	2.5	
M. Z. Beob.		15 0.9	
M. Z. Greenw.		14 13.1	Abweich. geg. genaue Länge
λ östl. Gr.	—	$0^h\ 47^m.8$	$0^m.5 = 7'.5$
(Tafel 1)	=	$11°\ 57'$ östl. Gr.	

Beispiel: c) 1908 Juni 16. Venus West. Beob. A. M.

U (Greenw.)	$7^h\ 41^m.2$	h_o	$11°\ 44'$	φ (Polaris)	$52°\ 32'$
ΔU	0.0	I	— 4	δ (N. J.)	+ 22 2
M. Z. Greenw.	7 41.2	R	— 5	$\varphi - \delta$	30 30
		h	11 35		

Mit φ	$52°.5$	aus Tafel	8 A	215
„ δ	22.0	„ „	8 A	33
„ $\varphi - \delta$	$30°.5$	„ „	8 B	822
„ h	11.6			
				070

Mit 070 aus Tafel 8 C $t_w = 6^h\ 40^m.0$

α (N. J.)		$7^h\ 34^m.3$	
t_w		6 40.0	
$\vartheta = \alpha + t_w$		14 14.3	
St. Z. M. M. (N. J.)	—	5 37.3	
		8 37.0	
Red. M. Z. (Tafel 2)	—	2.3	Abweichung von richtiger Ortslänge $0^m.1 = 1'.5$
M. Z. Beobachtung		8 34.7	
M. Z. Greenw.		7 41.2	
(Gr. — Beob.) $\lambda =$	—	$0^h\ 53^m.5$	östl. Gr.
(Tafel 1) =		$13^\circ\ 22'.5$	„ „

Die Herleitung des Stundenwinkels mit Tafel 8 A, B, C aus der einfachen Addition dreier Zahlen vollzieht sich nicht nur sehr schnell und bequem während der Fahrt, sondern ist auch für die Zwecke der Ballonorientierung genau genug (etwa bis auf $0^m.5 = 7'.5$). Daher erscheint in diesem Falle weder die Anwendung des Transformators zur Erleichterung der Rechnung ratsam noch die Benutzung der Merkatorfunktionen zur Erhöhung der Genauigkeit notwendig.

2)λ Spezielle Fälle: Stern im Meridian und Polarstern.

Ist es schon bei der Breitenbestimmung gelungen, entweder einen Südstern in Oberer oder einen Nordstern in Unterer Culmination ziemlich genau im Meridian zu beobachten, so folgt, da in diesem Falle $\alpha = \vartheta$ (O. C.) und $\alpha - 12^h = \vartheta$ (U C.) ist, auch sofort eine einfache Bestimmung der genäherten Länge $\lambda_0 = (U) - \vartheta$ daraus. Hierüber sind bei Erörterung der Breitenmethode 2)φ schon nähere Mitteilungen (s. S. 31), durch Beispiele belegt, gemacht worden. **2)λ Spezielle Fälle: Stern im Meridian.**

An dieser Stelle sei nur noch der besondere Fall betrachtet, daß außer der Höhenmessung des Polarsterns noch eine Azimuteinstellung desselben mit dem Peilkompaß vorliegt. Während aus der Höhe von Polaris, wie bekannt, die Breite am besten herzuleiten ist, erlaubt die Azimuteinstellung noch eine sehr bequeme, wenn auch nur rohe Schätzung der genäherten Länge unter Zuhilfenahme der magnetischen Isogonenkarte, besonders für Deutschland. Das Prinzip dieser eigenartigen astronomisch- **Polarstern.**

magnetischen Methode zur Längenschätzung ist folgendes: aus der Peilung auf Polaris wird durch Verbesserung der Kompaß-Ablesung für das stets kleine Polarisazimut nach Tafel 5 die für den Beobachtungsort geltende magnetische Deklination oder Abweichung gefunden. Da für ein großes Gebiet von Deutschland die Isogonen oder Linien gleicher magnetischer Abweichung ziemlich parallel den Längengraden verlaufen, geht man mit der aus der Polarishöhe gefundenen Breite in Karte II ein und sucht in Länge diejenige Isogone, welche der für den Beobachtungsort gefundenen magnetischen Abweichung entspricht. Daraus folgt eine absolute Schätzung der Länge des Ballonortes sogar bei fehlerhafter Uhr, deren Angaben bei dieser Längenschätzung lediglich zur Entnahme des richtigen Polarisazimuts nach Tafel 5 gebraucht werden.

Beispiel: 1908 Okt. 7. Polaris. Beob. A. M.

U (Greenw.)	8^h p. m.
λ_0 östl.	+ 1
	9
+ St.-Zt. M. M.	13
ϑ_0 = Orts-St.-Zt.	22^h
Magn. Azimut von Polaris von N. nach Ost.	$a^0_n = 13^\circ$ Ost.
$\vartheta_0\ 22^h$, $\varphi_0\ 53^\circ$ Polarisazimut (Taf. 5) (Ost —, West +)	= 1.6 ,,
Magnetische Deklination	$d = 11^\circ.4$ West.

Zu $\varphi = 53^\circ$ und $d = 11^\circ.4$ West gehört nach Karte II $\lambda_0 = 9^\circ$ östl. Gr.

Die für Ableitung der Ortssternzeit zu schätzende Länge braucht nur ganz roh zu sein, da selbst ein Fehler von 1^h dabei im Maximum nur nur einen Fehler von $0^\circ.3$ in der Herleitung des Polarisazimuts und einen Maximalfehler von etwa 1° in der gefundenen geographischen Länge verursacht.

B. Ortsbestimmung bei Tage.

Beobachtung: Mit dem Libellenquadranten Höhe der Sonne $h_\odot$, mit dem Peilkompaß Azimut der Sonne $a_\odot$ messen, jedesmal Uhrzeit notieren, ehe Kreisablesung erfolgt. Steht die Sonne näher zum Meridian (t_o oder t_w bis 2^h), so gibt $h_\odot$ die Breite, $a_\odot$ die Länge; steht die Sonne näher zum ersten Vertikal (Vorm.

oder Nachm.), so liefert $h_\odot$ die Länge und $a_\odot$ die Breite des Beobachtungsortes.

Die rohe Auswertung am Transformator mit Hilfe von h, a und δ der Sonne gibt Breite und Stundenwinkel zugleich; die daraus folgenden φ_0 und λ_0 können auch als Näherungswerte bei der genaueren Ausrechnung des Ballonorts nach den Tafeln dienen. Sind morgens oder abends etwa Sonne und Mond gleichzeitig sichtbar, so genügt je eine Höhenmessung an diesen Gestirnen, um z. B. aus $h_\odot$ die Länge und aus $h_☽$ die Breite herzuleiten (s. S. 43).

1)$_\varphi$ Breite aus Sonnenhöhen nahe Meridian (bis $\pm$ $1^h\ 20^m$ Stundenwinkel). Breite φ am Tage aus Sonnenhöhen.

Formel: wie bei Sternen südlich vom Zenit nahe der Oberen Culmination (Tafel 7)

$$\varphi = \delta_\odot + (90^\circ - h_\odot) - C.\,(t^2/60)'$$

Schema:

U. (Greenw.)	....	h_o	....
ΔU	....	I	....
λ_0 gegen Gr.	....	R—	....
M. Ortsz.	....	$h_\odot$	....
Ztgl. (N. J.)	....	$90^\circ - h_\odot$	....
W. Ortsz.	....	$\delta_\odot$ (N. J.)	....
t_w, t_o	....	$90^\circ - h_\odot + \delta_\odot$	....
Tafel 7^a $t^2/60$	....	$C\,(t^2/60)'$ —	....
Tafel 7^b C	....	φ =	....
$C\,(t^2/60)'$	....		

Beispiel: 1908 Aug. 8. Tagfahrt. Sonne nahe Meridian. Beob. Geerdtz.

U (Greenw.)	$11^h\,47^m.3$		h_o	$54^\circ\ 20'$	
ΔU	—		I	0	
λ_0 gegen Gr. Ost	+ 51.0		R	— 1	
M. Ortsz.	12 38.3 p. m.		$h_\odot$	54 19	Azimut nicht gemessen
Ztgl.	— 5.5		$90^\circ - h_\odot$	35 41	
	12 32.8		$\delta_\odot$ (N. J.)	+ 16 11	
t_w =	$0^h\,32^m.8$		$90^\circ - h_\odot + \delta_\odot$	51 52	Abweichung gegen richtige Ortsbreite 2'
Taf. 7^a $(t^2/60)'$	18.0	36	C. $t^2/60$	— 36	
Taf. 7^b C	2.0		φ =	$51^\circ\ 16'$	
C. $t^2/60$	36'				

Spezialfälle von 1) φ: Sonne dicht am Meridian.

Gelingt es, eine Meridianhöhe der Sonne zu messen, so gestaltet sich, ähnlich wie bei Sternen im Meridian, die Breitenrechnung besonders einfach. Diese einfache Herleitung der Breite kann auch dann noch im Ballon ausgeführt werden, wenn die Sonne bis zu 12 Zeitminuten vor oder nach der Kulmination beobachtet wird. Alsdann beträgt der Maximalfehler in Breite bei Vernachlässigung der Korrektion für Höhen außerhalb des Meridians auch nur etwa 6'.

Formel: $\varphi = \delta_\odot + (90^\circ - h_\odot)$

Schema: U (Greenw.)	$h_\odot$ ....
Δ U	I ....
λ_o gegen Gr.	R— ....
Mittl. Ortsz.	$h_\odot$ ....
Ztgl. (N. J.)	$90^\circ - h_\odot$ ....
W. Ortsz.	$\delta_\odot$ (N. J.) ....
	$\varphi =$ ....

Beispiel: 1908 Sept. 12. Sonne nahe Meridian. Beob. A. M.

U (Greenw.)	$11^h\ 2^m.0$	$h_\odot$		$41^\circ\ 56'$	
ΔU	—	I	—	7	
λ_o gegen Gr. Ost.	+ 53.5	R	—	1	
	11 55.5	$h_\odot$		41 48	$a_\odot$ nicht beob.
Ztgl. (N. J.)	+ 3.7	$90^\circ - h_\odot$		48 12	
W. Ortsz.	11 59.2	$\delta_\odot$ (N. J.)	+	4 15	Abweichung gegen richtige Ortsbreite 3'
also nahe Kulm. 12^h bis auf $t_o = 0^m.8$		$\varphi =$		$52^\circ\ 27'$	

In diesem Falle würde sich, wie gleich hier bemerkt sei, sofort auch eine genäherte Längenermittelung mit einem Fehler gleich der Größe des kleinen Stundenwinkels der Sonne ergeben, wenn man die im N. J. tabulierte M. Z. des Meridiandurchgangs der Sonne für Greenwich vergleicht mit der Uhrangabe nach M. Greenw.-Zeit, also $\lambda_o = U - \odot$ Meridian Greenwich. Im obigen Beispiel ist

$$U = 11^h\ 2^m.0$$
$$\odot \text{ M. v. Greenw. (N. J.)} = 11\ \ 56.3$$
$$\lambda_o = -\ 54^m.3 \text{ östl. Gr. (Fehler } 0^m.8 = 12')$$

Beträgt der Stundenwinkel der Sonne mehr als $1^h 20^m$, so daß die bequeme Tafel 7 (Kulminationsverbesserung) nicht zur Breitenauswertung benutzt werden kann, dann wird die Berechnung der Breite ähnlich wie bei Sternhöhen weiter ab vom Meridian (s. S. 31) entweder ganz genähert mit dem Transformator oder genauer nach der Tafel der Merkatorfunktionen (Taf. 9) ausgeführt. Die Auswertung geschieht genau so, wie dies für Gestirnshöhen außerhalb des Meridians S. 32 ausführlich beschrieben ist, nur daß im Falle der Sonnenbeobachtung der Stundenwinkel aus der wahren Zeit hergeleitet wird. Der Vollständigkeit halber seien an dieser Stelle auch hierfür Beispiele gegeben, und zwar sowohl aus einer Höhenmessung allein als auch aus einer kombinierten Höhen- und Azimutmessung (s. S. 42) zugleich. Sonne weiter ab vom Meridian.

Beispiel: a) 1908 Juli 18 Tagfahrt. Sonne Nachm. Beob. A. M.

U (Greenw.)	2^h	$37^m.2$ p. m.	h_0	40°	$0'$	Azimut nicht beobachtet
ΔU	+	0.1	I	—	4	
λ_0 östl. Gr.	+	52.7	R	—	1	
M. Ortsz.	3	30.0	$h_\odot$	39	55	
Ztgl. (N. J.)	—	6.0	$\delta_\odot$ (N. J.)	+ 21	4	
W. Ortsz. $= t_w =$	3	24.0				
(Tafel 1) $t_w = 51^\circ\,0'$						

Auf dem Transformator (Koerber) wird in die obere äquatoriale Koordinatenscheibe Punkt $t_w = 51^\circ$, $\delta = 21^\circ$ eingezeichnet und die Scheibe gedreht, bis dieser Punkt mit der Höhe $h = 40^\circ$ auf der schwarzen Scheibe zusammenfällt. Dann ergibt sich aus der Stellung von P an der schwarzen Scheibe $\varphi = 52^\circ.5$ (richtige Ortsbreite ist $52^\circ.6$).

Will man, obwohl diese Näherungsrechnung mit dem Transformator häufig im Ballon genügt, φ genauer nach der Tabelle der Merkatorfunktionen (Tafel 9) rechnen, so sind die folgenden Formeln (s. S. 33) anzuwenden:

$$f\varphi = f\,(90^\circ - h + \delta) - f\xi \qquad \begin{aligned} \operatorname{cof}\xi &= 2\operatorname{cof} t - \operatorname{cof}\xi_1 \\ f\xi_1 &= f\varphi_0 + f\,(90^\circ - h - \delta) \end{aligned}$$

Aus obigem Beispiel folgt daher:

$90^\circ - h = 50^\circ\,5'$	$90^\circ - h + \delta = 71^\circ\,9'$	$t = 51^\circ\,0'$
$\delta_\odot = 21\;\;4$	$90^\circ - h - \delta = 29\;\;1$	$\varphi_0 = 52^\circ$

f 52°	3665	cof 51°	2545	f 71°9′	6174	
f 29°1′	1820	2 cof 51°	5090	f ξ	— 2460	
f ξ_1	5485	cof ξ_1	— 1413		3714	
cof ξ_1	1413	cof ξ	3677	$\varphi =$	52°30′	**Unterschied gegen genaue Ortsbreite 5′**
		f ξ	2460			

Beispiel: b) 1908. Nov. 5, Sonne Nachm.; Beob. A. M.

U (Greenw.)		$1^h\;44^m.5$	h_0	12° 20′
Δ U		—	I	— 7
λ_0 östl. Gr.	+	53.5	R	— 4
M. Ortsz.		2 38.0	$h_\odot$	12 9
Ztgl. (N. J.)	+	16.3	$\delta_\odot$ (N. J.)	— 15 40
W. Ortsz. = t_w	=	2 54.3		
(Tafel 1) t_w		43° 35′		

Nur zur genaueren Rechnung:

$90^\circ - h$	77° 51′
$90^\circ - h + \delta$	62 11
$90^\circ - h - \delta$	93 31
φ_0 52°	

Am Peilkompaß: Magn. Sonnen-
Azimut $a^\circ_\odot = 52^\circ.1$ S, W

Auf dem Transformator (Koerber) wird oben in dem roten Koordinatennetz Punkt ($t\;43^\circ.6$, $\delta - 15^\circ.7$) eingezeichnet und die Scheibe gedreht, bis dieser Punkt genau über der Höhe $h = 12^\circ$ auf dem schwarzen Netz liegt. Dann gibt die Stellung von P über der schwarzen Scheibe $\varphi = 53^\circ$ (richtige Breite $52^\circ.4$). Nimmt man außer der Höhe gleich das ebenfalls beobachtete Azimut der Sonne ($a^\circ_\odot = 52^\circ.1$, westl. magn. Dekl. $9^\circ.1$, also $a_\odot = 43^\circ.0$) mit, so wird zur genäherten Rechnung besser der Kohlschüttersche Transformator verwendet (s. dasselbe Beispiel S. 49), dessen obere Scheibe Horizontalkoordinaten angibt. —

Die genauere Rechnung mit Merkatorfunktionen (Taf. 9) ergibt für die Breite:

f 52°	3665	cof 43° 35′	3152	f 62° 11′	4798
f 93° 31′		2 cof 43° 35′	6304	— f ξ	1085
= cof 3° 31′	11976 n	— cof ξ_1	72	f φ	3713
f ξ_1	15641 n	also addieren		φ =	52° 29′
cof ξ_1 —	72	da cof ξ_1 — 72′ 6376 = cof ξ		(genaue Ortsbreite 52° 26′)	
		f ξ	1085		

Endlich bleibt noch der letzte spezielle Fall zu betrachten übrig, daß der Mond gleichzeitig mit der Sonne am Tage sichtbar ist und aus Mondhöhen nahe dem Meridian die Breite hergeleitet wird. Die Rechnung ist alsdann ganz ähnlich der bisher für die Sonnenbeobachtungen durchgeführten, nur folgt der Stundenwinkel des Mondes aus Ortssternzeit sowie Mondrektaszension, und an die beobachtete Mondhöhe ist außer Refraktion noch Parallaxe (beide Korrektionen zusammen als Gesamtbeschickung Tafel 3^b) anzubringen.

Mond am Tage nahe Meridian.

Beispiel[15]): 1905 Mai 11, Tagfahrt; Mond nahe Meridian. Beob.: A. Wegener.

U (Greenw.)		3^h	$42^m.7$ p. m.
Δ U	—		0.4
$\lambda°$ östl. Greenw.	+	1	10
M. Ortsz.		4	52.3
+ Red. St. Zt.	+		0.8
+ St. Z. M. M.	+	3	14.2
ϑ Orts-St.-Z.		8	7.3
α☽ (N. J.)		8	56.8
$\vartheta - \alpha = t$☽ Ost		0	49.5

h_o		52°	37′	
I	—		10	
G. Beschickg.	+		34	
h☽		53	1	
90° — h☽		36	59	
δ☽ (N. J.)	+	15	9	
90° — h☽ + δ☽		52	8	
C ($t^2/60$)′ Tf. 7	—	1	22	Abweichung gegen richtige Ortsbreite 1′.
φ =		50	46	

15) Aus des Verf. Handbuch der geogr. Ortsbestimmung, S. 337.

2) φ Breite aus Sonnenazimuten nahe dem ersten Vertikal.

Breite aus Azimut der Sonne nahe dem ersten Vertikal.

Wenn die Sonne am Morgen oder späten Nachmittage weit ab vom Meridian nahe zum ersten Vertikal steht, muß die Breite aus dem Azimut $a_\odot$ hergeleitet werden. Da $h_\odot$ nahe dem ersten Vertikal vorteilhaft die Länge aus dem Stundenwinkel ergibt und in diesem Falle die Berechnung des Stundenwinkels durch Tafel 8 A, B, C ebenso einfach wie schnell geschieht, empfiehlt es sich, zuerst λ aus $h_\odot$ herzuleiten, schon um nahezu richtig die hauptsächlich mit der Länge des Beobachtungsortes variierende magnetische Deklination aus der Isogonenkarte (Karte II Deutschland, Karte III Europa) entnehmen zu können.

Zum besseren Verständnis der Herleitung des astronomischen Azimuts der Sonne aus der Kompaßpeilung auf die Sonne und aus der jeweiligen magnetischen Deklination diene die folgende Figur:

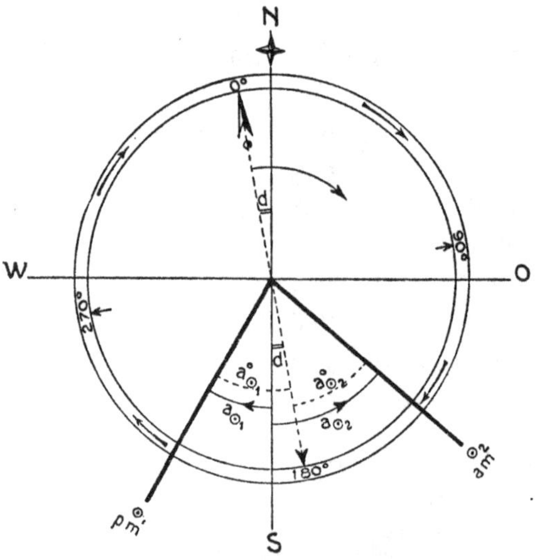

Beobachtet wird das magnetische Azimut a° des Gestirns am Peilkompaß, das gegen das astronomische Azimut a um den Betrag der magnetischen Deklination am Beobachtungsorte abweicht. Für Deutschland gilt westl. Deklination, d. h. magnetisches Nord steht westlich vom astronomischen Nord, oder auch astronomisches Süd steht westl. vom magnetischen Süd. Ist also die Sonne z. B. am Nachmittage gepeilt, wie in nebenstehender Figur $\odot_1$ p. m., so ist von Süden ab gerechnet von dem magnetischen Azimut $a°_\odot$ die magnetische Deklination d abzuziehen, um das astronomische Azimut $a_\odot$ zu erhalten: $a_{\odot_1} = a°_{\odot_1} - d$. Ist die Sonne vormittags gepeilt, wie in $\odot_2$, so wird, wiederum von Süd gerechnet, $a_{\odot_2} = a°_{\odot_2} + d$. Rechnet man das magnetische und astronomische Azimut dagegen von Norden (0°—360°), so wird bei westl. Deklination der Betrag d stets vom magnetischen Azimut abgezogen, bei östlichen Deklinationen d stets zu $a°_\odot$ addiert. Ebenso ist es, wenn man $a_\odot$ von Süden nicht nach West p. m. oder Ost a. m. entsprechend dem Stundenwinkel rechnet, sondern von magnetisch Süd (0°) über West, von 0° bis 360° durchzählt, da die Kompaßrose stets im Sinne des Uhrzeigers von 0° bis 360° durchgeteilt wird. Man erhält daher bei dieser der Kompaßteilung entsprechenden Zählweise aus dem magnetischen Azimut das astronomische am einfachsten, wenn man durchweg westliche Deklinationen negativ, östliche positiv rechnet.

Beispiel: 1908 Juli 18, Tagfahrt, Sonne Nachm. Beob. A. M.

U (Greenw.)	$3^h\,8^m.0$	h_0	$35°\,36'$	$a°_\odot 87°.5$ (von Süd über West gezählt).
ΔU	—	I	— 4	
		R (Taf. 3)	— 1	
		$h_\odot$	35 31	
		$\delta_\odot$ (N. J.)	+ 21 3	
		$90° - h$	54 29	

Um aus der Isogonenkarte für Deutschland die an das beobachtete Sonnenazimut anzubringende magnetische Deklination richtig entnehmen zu können, muß zunächst aus der Sonnenhöhe $h_\odot\ 35°\,31'$ in Verbindung mit der Deklination $\delta_\odot + 21°\,3'$ und einer geschätzten Breite ($\varphi = 52°.5$) die Länge des Beobachtungsortes hergeleitet werden. Dieselbe ergibt sich, wie bei B. 1)λ an demselben Beispiel (S. 47) gezeigt wird, zu $\lambda_0 = 52^m.0 = 13°$ östl. Greenw. aus einem Stundenwinkel $t_w = 3^h\,54^m = 58°\,30'$. Dieser Länge entspricht auf der Isogonenkarte für Deutschland eine Mißweisung von 9°,3 West (also —).

$$\begin{aligned} a°_\odot &= 87°.5 \text{ am Peilkompaß (von S. über W.)} \\ -d &= \underline{9.3,} \text{ da westl. Deklin.} \\ a_\odot &= 78°.2 \text{ astron. Azimut der Sonne,} \end{aligned}$$

bei $h_\odot = 35°\,31'$, $\delta_\odot = +21°\,3'$.

Um zunächst mit der Näherungsrechnung die gesuchte Breite aus h, a und δ zu finden, benutzt man den Transformator, in diesem Falle am zweckmäßigsten den von Kohlschütter, da bei demselben die obere Zelluloidscheibe horizontale Koordinaten enthält. Man trägt auf derselben den Punkt (a 78°, h 35°.5) ein und dreht die Scheibe, bis dieser Punkt auf den der Deklination δ 21° entsprechenden Kreis der unteren schwarzen Scheibe trifft. Dann gibt die Stellung von Z links auf dem schwarzen Kreis die Breite, in diesem Falle $\varphi = 53°$ (genaue Ortsbreite $52°\,33'$). Zugleich folgt aus dem Transformator auch ein genäherter Wert für t (59°) und daher für λ_0 (54^m).

Die genaue Rechnung mit Merkatorfunktionen (Tafel 9) geschieht folgendermaßen:

Formel: $f\varphi = f(90° - h + \delta) - f\xi$; $\operatorname{cof}\xi = \operatorname{cof} t + \operatorname{cof} a$.

Diese Formel, auf das obige Beispiel 1908 Juli 18, Tagfahrt angewendet, ergibt:

cof t (58° 30′)	1993
+ cof a (78° 12′)	713
cof ξ	2706
dazu gehört f ξ	3377

f (90° — h + δ)	75° 32′	7096	Abweichung gegen richtige Ortsbreite 2′
f ξ		— 3377	
f φ		3719	
φ		= 52° 31′	

Länge λ am Tage.

Um die **Länge** λ am Tage zu ermitteln, sind ebenso wie bei der Breitenbestimmung zwei Fälle zu unterscheiden, einmal, wenn die Sonne sich nahe dem I. Vertikal befindet, und zweitens, wenn sie näher zum Meridian steht.

1)λ **Länge aus Sonnenhöhen nahe dem I. Vertikal.**

Sonne nahe dem I. Vertikal.

Aus der Sonnenhöhe wird in ähnlicher Weise wie bei Sternhöhen nahe dem I. Vertikal (s. S. 35) mittels der Tafeln 8 A, B, C der Stundenwinkel hergeleitet, der in diesem Falle jedoch wahre Zeit gibt. Alles Nähere ist aus dem folgenden Schema ersichtlich:

Schema: U (Greenw.)	h_o	φ_o geschätzt..
Δ U	I	
M. Z. Greenw.	R (Taf. 3) —	
mit φ_o aus Taf. 8 A.........	h☉	
,, δ ,, ,, 8 A.........	δ☉ (N. J.).........	
,, φ_o—δ, h ,, 8 B.........	φ_o — δ	
Summe		

Mit Summe aus Tafel 8 C

t_w, t_o = ...

Daraus

Wahre Ortszt. ....

Ztgl. (N. J.) ....

M. Z. Beob. ....

M. Z. Greenw. (oben U) ....

$\lambda_{o, w}$ ....

Beispiel: wie oben S. 45 1908 Juli 18, Tagfahrt; Sonne Nachm. Beob.: A. M.

U (Greenw.)	$3^h\ 8^m.0$ p. m.	h_o	$35°36'$	φ_o $52°.5$
ΔU	—	I	— 4	Außerdem beob. magn.
M.Z. Greenw.	3 8.0	R	— 1	Azim. $a°_\odot$ $87°.5$ (S. 45).
		$h_\odot$	35 31	
		$\delta_\odot$	+21 3	
		$\varphi_o-\delta$	$31°.5$	

Nunmehr folgt die Berechnung des Stundenwinkels nach Tafel 8 A, B, C.

Mit	φ $52°.5$	Taf. 8 A	215	W. Ortsz. = t_w		$3^h\ 54^m.0$
,,	δ $21°.1$	,, 8 A	30	Ztgl. (N. J.)	+	6.0
,,	$\left\{\begin{matrix}\varphi-\delta & 31°.5\\ h & 35°.5\end{matrix}\right\}$	,, 8 B	433	M. Z. Beob.		4 0.0
		Summe	678	M. Z. Greenw. (U)		3 8.0
Mit dieser Summe aus Taf. 8 C				λ östl. — $52^m.0$ = — $13°$ östl. Gr.		
		t_w =	$3^h\ 54^m.0$	(genaue Länge — $52^m.4$ = — $13°\ 6'$)		

2)λ Länge aus Sonnenazimuten nahe Meridian.

Steht die Sonne nahe zum Meridian, so gibt die Höhe am sichersten die Breite [B 1)φ], während das Azimut die Länge liefert. Da in diesem Falle $h_\odot$ und $a_\odot$ beobachtet sind, wird zweckmäßig zunächst der Transformator (Kohlschütter) benutzt, ähnlich wie bei der Aufgabe B 2)φ. In die obere Koordinatenscheibe wird Punkt ($h_\odot$ $a_\odot$) eingetragen und dieselbe gedreht, bis dieser Punkt mit dem Deklinationsparallel für $\delta_\odot$ auf der schwarzen Scheibe zusammenfällt. Auf diese Weise findet sich ein genäherter Wert der Breite φ und des Stundenwinkels t; aus letzterem folgt λ.

Länge am Tage aus Sonnenazimuten nahe Meridian.

Beträgt der Stundenwinkel der Sonne weniger als $1^h\ 20^m$, so läßt sich ein genauerer Wert der Breite mit Benutzung des am Transformator genähert gefundenen Stundenwinkels nach Tafel 7 ableiten, wie dies in B 1)φ angegeben ist; kommt $t > 1^h\ 20^m$ heraus, so läßt sich ein genauerer Wert der Breite nach Tafel 9 der Merkatorfunktionen (s. S. 46) rechnen.

Was nun die Länge betrifft, auf die es bei dieser Aufgabe 2)λ in erster Linie ankommt, so folgt dieselbe erstens genähert nach der Rechnung mit dem Transformator, wie sogleich gezeigt wird, und zweitens genauer mit einer Auswertung nach Merkatorfunktionen, wobei die aus dem Transformator hergeleitete Breite als Näherungswert genommen wird.

Beispiel: a) 1908 Sept. 11, Sonne a. m. Beob.: A. M.

U (Greenw.)	$10^h\ 22^m.0$	h_o		$41°\ 30'$
ΔU	—	I	—	7
M. Z. Greenw.	10 22.0	R	—	1
		$h_\odot$		41 22
		$90° - h_\odot$		48 38
		$\delta_\odot$ (N. J.)	+	4 38

Kompaßpeilung von N. über O.		175°.5
Magn. Deklination d nach Karte II (φ_o 52° λ_o 13° Ost)	—	9.3
$a_\odot$	=	166.2 von N.
(vgl. Fig. S. 44)	=	13°.8 von S. nach Ost, da $\odot$ a. m.

Am Transformator (Kohlschütter) wird durch Eintragen von Punkt (h 41°.5, a 14°) und durch Drehen der oberen Scheibe, bis dieser Punkt auf $\delta + 4°.6$ kommt, gefunden $\varphi_o = 52°.5$, $t_o = 10°.5$ Ost $= -42^m$. Aus $t_o = -42^m$ $(12^h - 42^m)$ folgt:

W. Ortsz.		$11^h\ 18^m.0$
Ztgl. (N. J.)	—	3.3
M. Z. Beob.		11 14.7
oben war M. Z. Greenw.		10 22.0
λ_o östl. Gr.		$0^h\ 52^m.7$

Der genährte Ballonort ist also φ_o 52°.5, $\lambda_o = -52^m.7 = -13°\ 11'$

Abweichung gegen den genauen Ort in φ 6′ und in λ 11′.

Die genauere Herleitung von Stundenwinkel und Länge nach Merkatorfunktionen erfolgt auf Grund der Formeln

$$\text{cof } t = \text{cof } \xi - \text{cof } a\ ;\ f\,\xi = f\,(90° - h + \delta) - f\,\varphi$$

f (90° — h + δ) 53° 16′	3790	cof ξ	15494
— f φ 52°.5	3714	— cof a (13°.8)	7262
f ξ	76	cof t	8232
cof ξ	15494	$t_o = -10°\ 26' = -41^m.7$	

$(12^h - t_0)$ W. Z.	$= 11^h\ 18^m.3$	
Ztgl. (N. J.)	$-\quad 3.3$	
M. Z. Beob.	11 15.0	
M. Z. Greenw.	10 22.0	
λ östl. Gr. =	$-\ 0^h\ 53^m.0$	Abweichung von gen. Ortslänge $0^m.4 = 6'$

Beispiel: b) 1908 Nov. 5, Sonne p. m., Beob.: A. M. (S. 42).

U (Greenw.)	$1^h\ 44^m.5$	h_0		12° 20′
Δ U	—	I	—	7
M. Zt. Greenw.	1 44.5	R	—	4
		h⊙		12 9
		δ⊙	—	15 40
		90° — h		77 51

a°⊙ = 52°.1 von Süd nach West

— 9.1 Magn. Deklination (Karte II)

a⊙ = 43.0 vgl. Figur S. 44

Am Transformator (Kohlschütter) wird Punkt h⊙ 12° und a⊙ 43° in die obere Scheibe eingezeichnet und dieselbe so lange gedreht, bis dieser Punkt mit dem schwarzen Deklinationsparallel δ⊙ — 15°.7 koinzidiert. Dann ergibt der durch den Gestirnsort gehende schwarze Stundenkreis am Äquator den Stundenwinkel $t_w = 43°.5$ und die Stellung von Z auf dem schwarzen Begrenzungskreise die genäherte Breite $\varphi_0 = 52°.5$. Aus dem genäherten Stundenwinkel $t_w = 43°.5 = 2^h\ 54^m.0$ folgt die Länge in der bekannten Weise:

t_w = W. Ortsz.	$2^h\ 54^m.0$
Ztgl. (N. J.) —	16.3
M. Z. Beob.	2 37.7
von oben M. Z. Greenw.	1 44.5
λ östlich Gr.	$-0^h\ 53^m.2 = -\ 13°\ 18'$ (Tf. 1)

Der mit dem Transformator gefundene Näherungsort φ_0 52°.5 und λ_0 — $53^m.2$ stimmt mit dem genauen Ort bis auf 4′ in Breite und $0^m.3 = 5'$ in Länge überein.

Die genauere Rechnung, welche für die Breite schon unter B 1)φ S. 43 nach demselben Beispiel durchgeführt wurde ($\varphi = 52^\circ 29'$), ergibt für die Länge ebenfalls nach Merkatorfunktionen folgendes:

$$\text{cof } t = \text{cof } \xi - \text{cof } a; \quad f\,\xi = f\,(90^\circ - h + \delta) - f\,\varphi$$

$f\,(90^\circ - h + \delta)$	$62^\circ\, 11'$	4798
$- f\varphi$	$52^\circ.5$	3714
$f\,\xi$		1084
dazu aufschlagen		
$\text{cof } \xi$		6370

$\text{cof } \xi$	6370
$- \text{cof } a\ (43^\circ)$	3203
$\text{cof } t$	3167

$t_w = 43^\circ\, 24'$	$= 2^h$	$53^m.6$	W. Z.
Ztgl. (N. J.)	$-$	16.3	
M. Z. Beobacht.	2	37.3	
M. Z. Greenw.	1	44.5	
λ östl.	$- 0^h$	$52^m.8$	$= - 13^\circ\, 12'$

Abweichung gegen genaue Ortslänge $0^m.1 = 1'.5$

Sonne im Meridian. In dem besonderen Falle endlich, daß die Sonne fast genau im Meridian steht [$a_\odot = 0^\circ$(S) oder 180°(N)], folgt die Länge unmittelbar aus der Differenz der Uhrangabe (Greenw.) und der aus dem N. J. entnommenen Kulminationszeit der Sonne für den Greenwicher Meridian, wie dies auf S. 40 an einem besonderen Beispiel gezeigt worden ist. In diesem Falle liefert auch die Meridianhöhe sofort die Breite ($\varphi = \delta_\odot + 90 - h_\odot$), wie auch schon in B 1)φ auf S. 40 erörtert wurde.

V. Tafeln und Karten zur Ortsbestimmung im Ballon.

Die im folgenden zusammengestellten abgekürzten Tafeln und Übersichtskarten sollen in erster Linie zur schnellen Auswertung von Ortsbestimmungen im Ballon dienen. Obwohl aus den im Abschnitt IV im einzelnen durchgeführten Rechnungen die Anwendung der verschiedenen Tafeln eigentlich schon zur Genüge hervorgeht, sind doch zur schnelleren Einübung des Ballonführers den folgenden kurzen Erläuterungen der Tafeln noch einige spezielle Rechnungsbeispiele zur Orientierung beigefügt worden.

Erläuterungen zu den Tafeln.

Tafel 1 dient zur Verwandlung von Bogenmaß (°, ′, ″) in Zeitmaß (h, m, s) und umgekehrt; dieselbe findet hauptsächlich bei Auswertung der Stundenwinkel Verwendung.

Verwandlung von Bogen in Zeit und umgekehrt. Tafel 1.

Sind z. B. $3^h\,24^m.6$ in Grade und Bogenminuten zu verwandeln, so erhält man nach Tafel 1

$$\left.\begin{aligned} 3^h\;24^m \quad &= 51^\circ\,0' \\ 0.6 = 36^s &= \quad\;\; 9 \end{aligned}\right\}\text{ also } 3^h\,24^m.6 = 51^\circ\,9'.$$

Sollen ferner z. B. $43^\circ\,30'$ in Stunden und Zeitminuten verwandelt werden, so findet man nach Tafel 1

$$\left.\begin{aligned} 43^\circ \quad &= 2^h\;52^m \\ 30' &= \quad\;\;\; 2 \end{aligned}\right\}\text{ also } 43^\circ\,30' = 2^h\,54^m.0$$

Tafel 2 ist zur genäherten Verwandlung von Mittlerer Zeit in Sternzeit und von Sternzeit in Mittlere Zeit bestimmt. Da für eine bestimmte Beobachtung Sternzeit immer größer als Mittlere Zeit ist, wird die in der abgekürzten Tafel 2 gegebene Reduktion stets zum Zeitraum in Mittlere Zeit addiert (+), vom Zeitraum in Sternzeit aber subtrahiert (—). Außerdem muß bei diesen Verwandlungen der Zeitangaben (M. Z. und St. Z.) noch die dem

Verwandlung von Sternzeit in mittlere Zeit und umgekehrt. Tafel 2.

Beobachtungstage sowie der Ortslänge entsprechende, aus dem N. J. zu entnehmende St. Z. im mittleren Mittage angebracht werden, an M. Z. mit +, an St. Z. mit —.

Ist z. B. für 1908 Sept. 18 und $0^h.9$ östl. Länge $23^h\,30^m,7$ St. Z. in M. Z. zu verwandeln, so wird davon zunächst die St. Z. im M. M. abgezogen und das restliche Sternzeitintervall mit der Reduktion aus Tafel 2 in M. Z. verwandelt. Also

	23^h	$30^m.7$	St. Z.
—	11	47.9	St. Z. M. M. ($0^h.9$ östl. Greenw.) Sept. 18
	11	42.8	
—		1.9	Red. nach Tafel 2
	11	40.9	M. Z. der Beobachtung.

Soll dagegen z. B. für denselben Beobachtungstag und Ort $13^h\,29^m,5$ M. Z. (nach Mitternacht astronomisch) in St. Z. verwandelt werden, so folgt:

	13^h	$29^m.5$	M. Z.
+		2.2	Red. nach Tafel 2
+	11	47.9	St. Z. M. M.
	1	19.6	St. Z.

Höhenkorrektion für Refraktion und Parallaxe. Tafel 3.

Tafel 3 dient in der Form von 3a zur Verbesserung der Gestirnshöhen (Sonne, Planeten und Sterne) für mittlere Strahlenbrechung (Refraktionskorrektionen R stets — an die Höhe) ohne Rücksicht auf die jeweiligen Verhältnisse von Temperatur und Luftdruck. Diese sehr abgekürzte Refraktionstafel genügt für die Zwecke der Berechnung im Ballon selbst, da der Maximalfehler bei 5° Höhe z. B. für eine extreme Temperatur von — 35° erst 2′ und für einen Luftdruck von nur 500 mm auch erst etwas über 3′ beträgt; außerdem treten diese Berichtigungen der mittleren Strahlenbrechung für tiefe Temperaturen und niedrigen Luftdruck mit entgegengesetzten Vorzeichen auf. Sollte eine spätere genauere Berechnung der Fahrtergebnisse notwendig werden, so entnimmt man die genaueren Werte der Refraktion aus den Tafeln 16 a, b, c des N. J.

In der Form von 3b dient die Tafel zur genäherten Verbesserung der Mondhöhen für die Gesamtwirkung von Parallaxe und Refraktion (Gesamtbeschickung G des Mondes stets + an

Höhe), unter Zugrundelegung von mittleren Werten der Horizontaldarallaxe des Mondes und der Refraktion.

Beispiele:

a)	α Orionis h_0		17° 57′	b)	Mond h_0		31° 2′
	R	—	3		G = R + P	+	48
	h_*		17 54		h☽		31 50

Tafel 4 gibt die Korrektion Δh an, welche je nach der Ortssternzeit der Beobachtung an die Höhe des Polarsterns α Ursae min. anzubringen ist, um unmittelbar die Ortsbreite zu finden. Die Tafel kann für den Zeitraum von 1909 bis 1914 benutzt werden. Breite aus Polaris. Tafel 4.

Beispiel: Zur Ortssternzeit $\vartheta = 1^h 34^m$ ist die für Indexfehler und Refraktion verbesserte Polarishöhe von 54° 13′ gefunden worden; welches ist die Ortsbreite?

h		54° 13′	
Δh	—	1 11	zu $1^h 34^m$ St. Z.
φ	=	53 2	

Tafel 5 dient bei Peilungen auf den Polarstern durch Anbringung des hier tabulierten astronomischen Azimuts an die Kompaßeinstellung zur Ermittelung der astronomischen Nordsüd-Richtung. Daraus läßt sich bei bekannter magnetischer Deklination eine Kompaßkontrolle herleiten, bei unbekannter magnetischer Deklination dieselbe ermitteln und endlich auch nachts eine Längenschätzung aus dem Verlaufe der Isogonen (Karten II, III) nach Peilung auf den Polarstern (s. S. 38) ausführen. Azimut von Polaris. Tafel 5.

Beispiel: Zur Ortssternzeit $\vartheta = 22^h$ ist auf der Breite $\varphi_0 = 53°$ das magnetische Azimut von Polaris $a^0 = 13°$ N, O gepeilt worden; welches ist die genäherte geogr. Länge des Ballonorts?

Aus Taf. 5 folgt für $\vartheta = 22^h$ und $\varphi = 53°$ das astronomische Azimut von Polaris $a = 1°.6$ Ost, daher ist $d = a^0 - a = 13° - 1°.6 = 11°.4$ und zwar westliche Deklination, weil in diesem Falle astronomisch Nord östlich von magnetisch Nord steht. Einer westlichen magnetischen Abweichung von 11°.4 entspricht auf dem Breitenparallel 53° nach der Isogonenkarte für Deutschland (Karte II) die roh geschätzte Länge von 9° östl. Greenwich.

Azimut von Gestirnen bis 49° Dekl. Tafel 6.

Tafel 6 gibt für Sonne, Mond, große Planeten und Sterne bis 49° Deklination aus Höhe, Deklination und Stundenwinkel ein genähertes Azimut mit der Addition von drei Zahlen, die nach Eingang in die Tafeln 6 a, b, c je mit Höhe, Deklination und Stundenwinkel des Gestirns erhalten werden. Mit der Summe dieser drei Zahlen findet man aus Tafel 6c das gesuchte genäherte Azimut. Diese abgekürzten Tafeln, die in ganz ähnlicher Form zuerst von Johnson[16]) entworfen wurden, ersetzen also für Näherungsrechnungen im Ballon z. B. bei der Kompaßkontrolle nach Sonneneinstellungen die sonst gebräuchlichen großen Azimuttabellen, auch für den etwaigen Fall der Anwendung von Standlinien-Methoden. Außerdem läßt sich Tafel 6 noch dazu benutzen, um nach Messung von Azimut und Höhe eines Gestirns mit bekannter Deklination einen bis auf die Minute brauchbaren Wert des Stundenwinkels schnell herzuleiten, aus welchem alsdann eine genäherte Länge ermittelt werden kann.

Beispiele: Bei einem Stundenwinkel $t_w = 2^h\,54^m$ wurde eine Sonnenhöhe $h_\odot = 12°,1$ bei einer Deklination $\delta_\odot = -15°,7$ erhalten; wie groß ist das Azimut der Sonne?

h 12°.1	nach Tafel 6a	990;	bei 4 Ziffern wird stets die erste gestrichen.
δ — 15.7	„ „ 6b	016	168 nach Tafel 6c gibt
t $2^h\,54^m$	„ „ 6c	162	$a_\odot = 42°.8$
		168	

Eine Sonnenhöhe von 35°,5 und ein Azimut von 78° (S über West) sind gemessen bei $\delta_\odot = -21°,0$; wie groß ist der Stundenwinkel $t_\odot$?

$h_\odot$ 35°.5	Tafel 6a	911	$a_\odot$ 78°	Tafel 6c	010
$\delta_\odot$ 21°.0	„ 6b	030		abziehen 941	— 941
		941			069
			nach Taf. 6c		
				069 :	$t_\odot = 3^h\,54^m$.

Tafel 7 ergibt die stets negative Reduktion, welche an eine außerhalb des Meridians gemessene Gestirnshöhe (bis $1^h\,20^m$ Stundenwinkel) anzubringen ist, um die Breite zu finden. Nach

[16]) A. C. Johnson, Short Tables, London 1900. J. D. Potter.

der für Gestirne, welche südlich vom Zenit kulminieren, geltenden Formel ist $\varphi = \delta + (90^\circ - h) - C\,t^2/60$. Tafel 7a enthält nun mit Eingang von t den Wert $t^2/60$ in Bogenminuten, und Tafel 7b gibt den mit t horizontal, φ vertikal zu entnehmenden Faktor C. Breite aus Gestirnshöhen nahe Meridian. Tafel 7.

Beispiel: Für $t_0 = 40^m$, $\varphi_0 = 52^\circ,5$ und $\delta_\odot = +4^\circ\,38'$ ist $h_\odot = 41^\circ\,22'$ beobachtet werden. Tafel 7a gibt $t^2/60 = 26,7$ und Tafel 7b $C = 1,6$, daher wird $C\,t^2/60 = 43'$. Da $\varphi = \delta + (90^\circ - h) - C\,t^2/60$ ist, folgt:

$\delta_\odot$	+	$4^\circ\,38'$
$90^\circ - h$		48 38
		53 16
$C\,t^2/60$	−	43
φ	=	$52^\circ\,33$

Tafel 8 dient dazu, den Stundenwinkel eines Gestirns in der Nähe des ersten (Ostwest) Vertikals aus Breite, Deklination und Höhe nach Johnson[17]) zu liefern. Es sind dazu drei Zahlen zu addieren, von denen die erste aus Tafel A mit der Breite φ, die zweite aus derselben Tafel mit der Deklination δ und die dritte aus Tafel B mit der Differenz $\varphi - \delta$ als horizontalem sowie mit h als vertikalem Argument entnommen werden. Mit der Summe dieser drei Zahlen geht man in Tafel C ein und findet den gesuchten Stundenwinkel bis auf die Zeitminute; hierbei muß, falls die Summe eine vierziffrige Zahl ergibt, stets die erste Ziffer fortgelassen werden. Stundenwinkel aus Breite, Deklination und Höhe. Tafel 8.

Beispiel: Zur gemessenen Höhe von α Tauri $h = 21^\circ\,43'$ gehört die Breite $\varphi = 52^\circ\,42'$ und die Deklination $\delta = +16^\circ\,20'$; welches ist der Stundenwinkel?

Mit	φ	$52^\circ.7$	aus Tafel	8 A	217
„	δ	$16^\circ.3$	„ „	8 A	18
„	$\varphi - \delta$ / h	$36^\circ.3$ / $21^\circ.7$	„ „	8 B	643
				Summe	878
Mit 878 gibt Tafel 8 C :					$t = 5^h\,3^m.0$

Bei Bildung von $\varphi - \delta$, wird das Vorzeichen von δ und φ berücksichtigt; ist also δ — und φ +, so werden beide Werte addiert.

Während des Drucks dieser Anleitung gelang dem Verf. noch eine vollständige Ortsbestimmung (φ, λ) am Tage (vor Sonnenaufgang) aus je einer Höhe der Planeten Jupiter im Süden und Venus im Osten, die gleichzeitig am Morgen sichtbar waren.

[17]) A. C. Johnson, Hour-Angles, London 1891, J. D. Potter. Taf. 8 ist eine Zusammenfassung der Johnsonschen Tafeln.

1908 Dez. 27 Gr. M. Z. $19^h 14^m.2$ h_o 36° 10′ (Jupiter für φ)
" " " " " " 19 21.7 h_o 10 6 (Venus für λ)

Am Transformator (Koerber) gibt die rohe Rechnung φ_o 52°, λ_o 13°.3 östl. Gr. Rechnet man t und daraus λ nach Taf. 8 [s. A 1) λ] und φ nach Taf. 9 [s. A 3) φ], so folgt λ 13° 12′, φ 52° 26′. Diese astronomisch bestimmte Position weicht von der kartographisch ermittelten in λ um 8′ und in φ um 2′ ab.

Merkatorfunktionen. Tafel 9.

Tafel 9 stellt eine abgekürzte Tabelle der numerischen Werte der Merkatorfunktionen (Börgen) dar, nach welcher die Ortsbestimmungen im Ballon auf Grund besonderer, bei den einzelnen Beispielen gegebener Formeln ohne logarithmisch-trigonometrische Rechnungen ausgewertet werden können. Die Zusatztafel 9a gibt die Werte der Merkatorfunktionen für die Grenzwinkel zwischen 0° und 2° bzw. 88° und 89°, um die alsdann mühsame Interpolation in der Haupttafel zu erleichtern.

Beispiele: $f(29^\circ 25') = 1848$, $\mathrm{cof}(29^\circ 25') = 4598$

$f(92^\circ 0') = \mathrm{cof}(-2^\circ 0') = 13916_n$.

Liste heller Fixsterne mit Kulminationsdaten. Tafel 10.

Tafel 10 gibt im Anschluß an die Tabellen von Bidschof-Vital[18]) eine Zusammenstellung von 27 hellen Fixsternen, die zur Ortsbestimmung im Ballon dienen. Die Positionen in α und δ gelten für 1910 und können für die Zwecke der genäherten Ortsbestimmung unbedenklich auch für 1909 und 1911 benutzt werden. Etwaige kleine Korrektionen werden nötigenfalls nach dem N. J. beigefügt. Außerdem gibt die Liste in den drei letzten Kolumnen bei Auswahl geeigneter Sterne nahe dem Meridian sofort Aufschluß über die Daten, an welchen die betreffenden Sterne zu den mittleren Zeiten 8^h, 12^h und 4^h nachts kulminieren. Hierdurch kann die Ortsbestimmung im Ballon durch Beobachtung von Sternen nahe dem Meridian sehr erleichert werden.

Sternkarte des nördlichen Himmels. Karte I.

Karte I enthält eine Sternkarte des nördlichen Himmels zur besonderen Orientierung vom Ballon aus und mit Berücksichtigung der in Tafel 10 gegebenen hellen Sterne. Zur schnelleren Orientierung am Himmel sei noch erwähnt, daß der Polarstern gefunden wird in Richtung der Verbindungslinie β—α Ursae maj., ferner, daß der Himmelsäquator (0° Deklination) ungefähr durch den Gürtel des Orion hindurchgeht und endlich daß die Verbindungslinie zwischen dem Polarstern und dem letzten Stern der Cassiopeja

---

[18]) Tavole per i calcoli di navigazione, Vital-Bidschoff, Wien 1908, Verlag F. Deuticke.

(in Richtung zum Sternbilde Cygnus) nahezu auf den Frühlings-Äquinoktialpunkt (0^h Rektaszension) am Himmel weist. Die mit roter Farbe gekennzeichneten Hauptsterne sind die zumeist für die Ballonorientierung in Betracht kommenden Sterne.

Karte der magn. Deklinationen für Deutschland. Karte II.

Karte II gibt auf Grund der neuesten erdmagnetischen Untersuchungen die genaue Verteilung der Isogonen oder Linien gleicher magnetischer Deklination für Deutschland, gültig für die Epoche 1909 an. Die Isogonen schreiten nach halben Graden fort, und es lassen sich bequem aus der Übersichtskarte II die Werte der magnetischen Deklinationen (sämtlich westlich) bis auf 0°.1 entnehmen. Bei Benutzung dieser Isogonenkarte für spätere Epochen als 1909 ist nur zu beachten, daß die westlichen Deklinationswerte jährlich um ungefähr 0°.1 abnehmen. Bei Herstellung dieser und der folgenden magnetischen Karte durfte der Verfasser sich besonders wertvoller fachmännischer Unterstützung erfreuen.

Isogonenkarte für Europa. Karte III.

Karte III enthält gleichfalls auf Grund der neuesten erdmagnetischen Untersuchungen die genaue Verteilung der Isogonen oder Linien gleicher magnetischer Deklination für Europa, gültig für die Epoche 1909. Die Linien schreiten von Grad zu Grad fort, und gehen von 10° östlicher Deklination im Innern Rußlands bis zu 20° westlicher magnetischer Abweichung über Irland und den Atlantischen Ozean. Die Werte der magnetischen Deklination zur Kompaßkontrolle und zur Azimutbestimmung lassen sich aus dieser Karte bis auf etwa 0°.2 entnehmen. Auch für diese Karte gilt bei Benutzung derselben nach 1909 die Regel, daß die westlichen Deklinationswerte jährlich um etwa 0°.1 abnehmen, die östlichen Deklinationswerte aber jährlich um ungefähr 0°.1 zunehmen.

Reduktions-Tafeln im Ballon.

1. Verwandlung von Zeit in Bogen und umgekehrt.

h	0^m	4^m	8^m	12^m	16^m	20^m	24^m	28^m	32^m	36^m	40^m	44^m	48^m	52^m	56^m
	°	°	°	°	°	°	°	°	°	°	°	°	°	°	°
0	0	1	2	3	4	5	6	7	8	9	10	11	12	13	14
1	15	16	17	18	19	20	21	22	23	24	25	26	27	28	29
2	30	31	32	33	34	35	36	37	38	39	40	41	42	43	44
3	45	46	47	48	49	50	51	52	53	54	55	56	57	58	59
4	60	61	62	63	64	65	66	67	68	69	70	71	72	73	74
5	75	76	77	78	79	80	81	82	83	84	85	86	87	88	89
6	90	91	92	93	94	95	96	97	98	99	100	101	102	103	104
7	105	106	107	108	109	110	111	112	113	114	115	116	117	118	119
8	120	121	122	123	124	125	126	127	128	129	130	131	132	133	134
9	135	136	137	138	139	140	141	142	143	144	145	146	147	148	149
10	150	151	152	153	154	155	156	157	158	159	160	161	162	163	164
11	165	166	167	168	169	170	171	172	173	174	175	176	177	178	179

2. Reduktion zur Verwandlung von M. Z. in St. Z. (+) und von St. Z. in M. Z. (—).

M. Z.		St. Z.	M. Z.		St. Z.	M. Z.		St. Z.	M. Z.		St. Z.
0^h	+ 0^m 0^s —	0^h	6^h	+ 1^m 0^s —	6^h	12^h	+ 2^m 0^s —	12^h	18^h	+ 3^m 0^s —	18^h
1	+ 10 —	1	7	+ 10 —	7	13	+ 10 —	13	19	+ 10 —	19
2	+ 20 —	2	8	+ 20 —	8	14	+ 20 —	14	20	+ 20 —	20
3	+ 30 —	3	9	+ 30 —	9	15	+ 30 —	15	21	+ 30 —	21
4	+ 40 —	4	10	+ 40 —	10	16	+ 40 —	16	22	+ 40 —	22
5	+ 50 —	5	11	+ 50 —	11	17	+ 50 —	17	23	+ 50 —	23
6^h	+ 1^m 0^s —	6^h	12^h	+ 2^m 0^s —	12^h	18^h	+ 3^m 0^s —	18^h	24^h	+ 3^m 56^s —	24^h

3. Höhenverbesserung für Refraktion und Parallaxe.

a) Refraktion für Sonne, Planeten und Sterne (R).

h:		4°		5°		6°		7°		8°		9°		11°		13°		17°		24°		35°		44°		65°	
R:	—		12′		10′		9′		8′		7′		6′		5′		4′		3′		2′		1′		1′		0′ —

b) Gesamtbeschickung (Parallaxe und Refraktion) für Mond (G).

h ☽	G	h ☽	G
4°	+ 45′	30°	+ 48′
5	47	35	46
6	49	40	43
7	50	44	40
8	50	48	37
9	51	52	34
10	51	56	31
15	52	60	28
20	51	62	26
25°	+ 50′	64°	+ 24′

4. Ortsbreite aus Polarishöhe.

Orts-Stern-zeit	Δh 1909	Δh 1914	Orts-Stern-zeit	Δh 1909	Δh 1914	Orts-Stern-zeit	Δh 1909	Δh 1914	Orts-Stern-zeit	Δh 1909	Δh 1914
0^h 0^m	—66′	—64′	6^h 0^m	—25′	—26′	12^h 0^m	+66′	+64′	18^h 0^m	+27′	+26′
20	—68	—66	20	—20	—20	20	+68	+66	20	+21	+20
40	—69	—67	40	—14	—14	40	+69	+67	40	+15	+14
1 0	—70	—68	7 0	— 7	— 8	13 0	+70	+68	19 0	+ 9	+ 8
20	—71	—69	20	— 1	— 2	20	+71	+69	20	+ 3	+ 2
40	—71	—69	40	+ 5	+ 4	40	+71	+69	40	— 3	— 4
2 0	—70	—68	8 0	+11	+10	14 0	+70	+68	20 0	— 9	—10
20	—69	—67	20	+17	+16	20	+69	+67	20	—16	—16
40	—67	—66	40	+23	+21	40	+67	+66	40	—22	—22
3 0	—65	—64	9 0	+29	+27	15 0	+65	+64	21 0	—27	—27
20	—62	—61	20	+34	+32	20	+62	+61	20	—33	—33
40	—59	—58	40	+39	+38	40	+59	+58	40	—38	—38
4 0	—55	—55	10 0	+44	+42	16 0	+56	+54	22 0	—43	—42
20	—51	—51	20	+49	+47	20	+52	+50	20	—48	—47
40	—47	—46	40	+53	+51	40	+47	+46	40	—53	—51
5 0	—42	—42	11 0	+57	+55	17 0	+43	+41	23 0	—56	—55
20	—37	—37	20	+60	+58	20	+38	+36	20	—60	—58
40	—31	—31	40	+63	+61	40	+32	+31	40	—63	—61
6^h 0^m	—25′	—26′	12^h 0^m	+66′	+64′	18^h 0^m	+27′	+26′	24^h 0^m	—66′	—64′

5. Azimut des Polarstern von Norden ab (1909).

Orts-Sternzeit		Breite 35°	40°	45°	50°	55°	60°	65°	Orts-Sternz.		Breite 35°	40°	45°	50°	55°	60°	65°
0^h	Ost	0°.5	0°.6	0°.6	0°.7	0°.8	0°.9	1°.1	12^h	W	0°.5	0°.6	0°.6	0°.7	0°.7	0°.8	1°.0
1	O	0.2	0.2	0.2	0.2	0.2	0.3	0.3	13	W	0.2	0.2	0.2	0.2	0.2	0.3	0.3
2	West	0.2	0.2	0.2	0.3	0.3	0.4	0.5	14	O	0.2	0.2	0.2	0.3	0.3	0.3	0.4
3	W	0.6	0.6	0.6	0.7	0.8	1.0	1.2	15	O	0.5	0.6	0.6	0.7	0.8	0.9	1.1
4	W	0.9	1.0	1.0	1.1	1.3	1.5	1.9	16	O	0.9	0.9	1.0	1.1	1.2	1.4	1.7
5	W	1.2	1.2	1.3	1.5	1.7	1.9	2.4	17	O	1.1	1.2	1.3	1.4	1.6	1.8	2.2
6	W	1.3	1.4	1.5	1.7	1.9	2.2	2.7	18	O	1.3	1.4	1.5	1.7	1.9	2.1	2.6
7	W	1.4	1.5	1.7	1.8	2.0	2.3	2.8	19	O	1.4	1.5	1.6	1.8	2.0	2.3	2.8
8	W	1.4	1.5	1.6	1.8	2.0	2.3	2.8	20	O	1.4	1.5	1.6	1.8	2.0	2.3	2.8
9	W	1.3	1.4	1.5	1.7	1.9	2.1	2.6	21	O	1.3	1.4	1.5	1.7	1.9	2.2	2.7
10	W	1.1	1.2	1.3	1.4	1.6	1.8	2.2	22	O	1.1	1.2	1.3	1.5	1.6	1.9	2.3
11	W	0.8	0.9	1.0	1.1	1.2	1.4	1.6	23	O	0.9	0.9	1.0	1.1	1.2	1.4	1.7
12^h	W	0.5	0.6	0.6	0.7	0.7	0.8	1.0	24^h	O	0.5	0.6	0.6	0.7	0.8	0.9	1.1

6. Genähertes Azimut für Gestirne bis 49° Deklination.

(Auch zur Herleitung des Stundenwinkels bei bekanntem Azimut.)

a) Höhe.

Grad	0°	1°	2°	3°	4°	5°	6°	7°	8°	9°
0	999	999	999	999	999	998	998	997	996	995
10	993	992	990	989	987	985	983	981	978	976
20	973	970	967	964	961	957	954	950	946	942
30	937	933	928	923	919	913	908	902	897	890
40	884	878	871	864	857	849	842	834	826	817
50	808	799	789	779	769	759	748	736	724	712
60	699	686	672	657	642	626	609	592	574	554

b) Deklination.

Grad	0°	1°	2°	3°	4°	5°	6°	7°	8°	9°
0	000	000	000	000	001	002	002	003	004	005
10	007	008	010	011	013	015	017	019	022	024
20	027	030	033	036	039	043	046	050	054	058
30	062	067	072	076	081	087	092	098	103	109
40	116	122	129	136	143	150	158	166	174	183

c) Stundenwinkel und Azimut.

Minuten	St.-W. 0h	Az.	St.-W. 1h	Az.	St.-W. 2h	Az.	St.-W. 3h	Az.	St.-W. 4h	Az.	St.-W. 5h	Az.
0m		0°	587	15°	301	30°	150	45°	062	60°	015	75°
4		1	560	16	288	31	143	46	058	61	013	76
8		2	534	17	276	32	136	47	054	62	011	77
12		3	510	18	264	33	129	48	050	63	010	78
16		4	487	19	252	34	122	49	046	64	008	79
20	999	5	466	20	241	35	116	50	043	65	007	80
24	981	6	446	21	231	36	109	51	039	66	005	81
28	914	7	426	22	222	37	103	52	036	67	004	82
32	856	8	408	23	211	38	098	53	033	68	003	83
36	806	9	391	24	201	39	092	54	030	69	002	84
40	760	10	374	25	192	40	087	55	027	70	002	85
44	719	11	358	26	183	41	081	56	024	71	001	86
48	682	12	343	27	174	42	076	57	022	72	001	87
52	648	13	328	28	166	43	072	58	019	73	000	88
56	616	14°	314	29°	158	44°	067	59°	017	74°	000	89°

7. Breite aus Gestirnshöhen nahe dem Meridian.

$$\varphi = \delta + (90° - h) - C \cdot t^2/60.$$

a) Stundenwinkel-Quadrat in Bogenminuten ($t^2/60$).

Stundenwinkel															
t	$t^2/60$	t	$t^2/60$	t	$t^2/60$	t	$t^2/60$	t	$t^2/60$	t	$t^2/60$	t	$t^2/60$	t	$t^2/60$
0m	0.0	10m	1.7	20m	6.7	30m	15.0	40m	26.7	50m	41.7	60m	60.0	70m	81.7
1	0.0	11	2.0	21	7.4	31	16.0	41	28.0	51	43.4	61	62.0	71	84.0
2	0.1	12	2.4	22	8.1	32	17.1	42	29.4	52	45.1	62	64.1	72	86.4
3	0.2	13	2.8	23	8.8	33	18.2	43	30.8	53	46.8	63	66.2	73	88.8
4	0.3	14	3.3	24	9.6	34	19.3	44	32.3	54	48.6	64	68.3	74	91.3
5	0.4	15	3.8	25	10.4	35	20.4	45	33.8	55	50.4	65	70.4	75	93.8
6	0.6	16	4.3	26	11.3	36	21.6	46	35.3	56	52.3	66	72.6	76	96.3
7	0.8	17	4.8	17	12.2	37	22.8	47	36.8	57	54.2	67	74.8	77	98.8
8	1.1	18	5.4	18	13.1	38	24.1	48	38.4	58	56.1	68	77.1	78	101.4
9	1.4	19	6.0	29	14.0	39	25.4	49	40.0	59	58.0	69	79.4	79	104.0
10	1.7	20 (0h 20m)	6.7	30	15.0	40 (0h 40m)	26.7	50	41.7	60 (1h 0m)	60.0	70	81.7	80 (1h 20m)	106.7

b) Kulminationsfaktor C.

δ \ φ	34°	36°	38°	40°	42°	44°	46°	48°	50°	52°	54°	56°	58°	60°
−20°	1.9	1.8	1.7	1.6	1.5	1.5	1.4	1.3	1.3	1.2	1.1	1.1	1.0	0.9
16	2.0	1.9	1.8	1.7	1.6	1.6	1.5	1.4	1.3	1.3	1.2	1.1	1.0	1.0
12	2.2	2.1	2.0	1.9	1.8	1.7	1.6	1.5	1.4	1.3	1.2	1.2	1.1	1.0
8	2.4	2.3	2.1	2.0	1.9	1.8	1.7	1.6	1.5	1.4	1.3	1.2	1.1	1.0
− 4	2.6	2.5	2.3	2.2	2.0	1.9	1.8	1.7	1.6	1.5	1.4	1.3	1.2	1.1
0	2.9	2.7	2.5	2.3	2.2	2.0	1.9	1.8	1.7	1.5	1.4	1.3	1.2	1.1
+ 2	3.1	2.8	2.6	2.4	2.3	2.1	2.0	1.8	1.7	1.6	1.5	1.4	1.3	1.2
4	3.2	3.0	2.8	2.5	2.4	2.2	2.0	1.9	1.8	1.6	1.5	1.4	1.3	1.2
6	3.4	3.2	2.9	2.7	2.5	2.3	2.1	2.0	1.8	1.7	1.5	1.4	1.3	1.2
8	3.7	3.4	3.1	2.8	2.6	2.4	2.2	2.0	1.9	1.7	1.6	1.5	1.4	1.2
10	3.9	3.6	3.2	3.0	2.7	2.5	2.3	2.1	1.9	1.8	1.6	1.5	1.4	1.3
12	4.2	3.8	3.4	3.1	2.8	2.6	2.4	2.2	2.0	1.8	1.7	1.5	1.4	1.3
14	4.6	4.1	3.7	3.3	3.0	2.7	2.5	2.3	2.1	1.9	1.7	1.6	1.5	1.3
16	5.1	4.5	4.0	3.6	3.2	2.9	2.6	2.4	2.2	2.0	1.8	1.6	1.5	1.4
18	5.6	4.9	4.3	3.8	3.4	3.1	2.8	2.5	2.3	2.1	1.9	1.7	1.5	1.4
20	6.3	5.4	4.7	4.1	3.7	3.3	2.9	2.6	2.4	2.1	1.9	1.8	1.6	1.5
+ 22	7.3	6.1	5.2	4.5	4.0	3.5	3.1	2.8	2.5	2.2	2.0	1.8	1.6	1.5
24	8.6	7.0	5.8	5.0	4.3	3.8	3.3	2.9	2.6	2.3	2.1	1.9	1.7	1.5
26	—	8.2	6.7	5.6	4.8	4.1	3.6	3.1	2.8	2.5	2.2	2.0	1.8	1.6
28	—	—	7.9	6.4	5.3	4.5	3.9	3.4	3.0	2.6	2.3	2.1	1.8	1.6
30	—	—	9.6	7.5	6.1	5.1	4.3	3.7	3.2	2.8	2.5	2.2	1.9	1.7
32	—	—	—	—	—	—	—	4.0	3.5	3.0	2.6	2.3	2.0	1.8
34	—	—	—	—	—	—	—	4.5	3.8	3.2	2.8	2.4	2.1	1.9
36	—	—	—	—	—	—	—	5.1	4.2	3.5	3.0	2.6	2.2	2.0
38	—	—	—	—	—	—	—	6.0	4.8	3.9	3.3	2.8	2.4	2.1
40	—	—	—	—	—	—	—	7.2	5.6	4.5	3.7	3.0	2.6	2.2

8. Zur Auswertung des Stundenwinkels aus Breite, Deklination und Höhe.

A. Breite und Deklination.

φ,δ	0′	10′	20′	30′	40′	50′	φ,δ	0′	10′	20′	30′	40′	50′
0°							30°	62	63	64	65	65	66
1	—	—	—	—	—	—	31	67	68	68	69	70	71
2	—	—	—	—	—	—	32	72	72	73	74	75	76
3	1	1	1	1	1	1	33	76	77	78	79	80	81
4	1	1	1	1	1	1	34	81	82	83	84	85	86
5	2	2	2	2	2	2	35	87	87	88	89	90	91
6	2	2	3	3	3	3	36	92	93	94	95	96	97
7	3	3	4	4	4	4	37	98	99	100	100	101	102
8	4	4	5	5	5	5	38	103	104	105	106	107	108
9	5	6	6	6	6	6	39	109	110	111	113	114	115
10	7	7	7	7	8	8	40	116	117	118	119	120	121
11	8	8	9	9	9	9	41	122	123	124	125	127	128
12	10	10	10	10	11	11	42	129	130	131	132	133	135
13	11	12	12	12	12	13	43	136	137	138	139	141	142
14	13	13	14	14	14	15	44	143	144	145	147	148	149
15	15	15	16	16	16	17	45	150	152	153	154	156	157
16	17	17	18	18	19	19	46	158	159	161	162	163	165
17	19	20	20	21	21	21	47	166	168	169	170	172	173
18	22	22	23	23	23	24	48	174	176	177	179	180	182
19	24	25	25	26	26	27	49	183	184	186	187	189	190
20	27	27	28	28	29	29	50	192	193	195	196	198	200
21	30	30	31	31	32	33	51	201	203	204	206	207	209
22	33	33	34	34	35	35	52	211	212	214	215	217	219
23	36	36	37	38	38	39	53	220	222	224	226	227	229
24	39	40	40	41	42	42	54	231	232	234	236	238	240
25	43	43	44	44	45	46	55	241	243	245	247	249	251
26	46	47	48	48	49	49	56	252	254	256	258	260	262
27	50	51	51	52	53	53	57	263	266	268	270	272	274
28	54	55	55	56	57	58	58	276	278	280	282	284	286
29	58	59	60	60	61	62	59	288	290	292	294	297	299

Zusatztafel zu 8 C. Stundenwinkel (für Sonne in kleineren Stundenwinkeln, s. S. 64).

$t = 2^h\ 19^m$ bis $t = 3^h\ 18^m$

Zahl	t	Zahl	t	Zahl	t	Zahl	t	Zahl	t	Zahl	t
250	$2^h\ 19^m$	300	$2^h\ 27^m$	350	$2^h\ 36^m$	400	$2^h\ 46^m$	450	$2^h\ 56^m$	500	$3^h\ 7^m$
5	20	5	28	5	37	5	47	5	57	5	9
260	2 20	310	2 29	360	2 38	410	2 48	460	2 59	510	3 10
5	21	5	30	5	39	5	49	5	59	5	11
270	2 22	320	2 31	370	2 40	420	2 50	470	3 0	520	3 12
5	23	5	32	5	41	5	51	5	2	5	13
280	2 24	330	2 33	380	2 42	430	2 52	480	3 3	530	3 14
5	25	5	34	5	43	5	53	5	4	5	16
290	$2^h\ 26^m$	340	$2^h\ 35^m$	390	$2^h\ 44^m$	440	$2^h\ 54^m$	490	$3^h\ 5^m$	540	$3^h\ 17^m$
5	26	5	35	5	45	5	55	5	6	5	18

8 B. φ — δ horizontal, h vertikal.

h Höhe	18°	20°	22°	24°	26°	28°	30°	32°	34°	36°	38°	40°	42°	44°	46°	48°	50°	52°	54°	56°	58°	60°	h Höhe
10°	891	884	877	869	860	851	840	829	816	803	788	773	755	737	717	695	671	645	617	586	552	514	10°
11	881	874	867	859	850	840	829	818	805	791	776	760	742	723	702	680	655	628	599	566	530	490	11
12	871	864	857	849	839	829	818	806	793	779	764	747	728	709	687	664	638	610	580	546	508	465	12
13	861	854	846	838	829	818	807	795	781	766	751	733	714	694	671	648	621	592	560	524	484	439	13
14	851	844	836	827	817	807	795	783	769	754	737	719	700	679	656	631	603	573	539	501	459	412	14
15	840	833	825	816	806	795	783	770	756	740	724	705	685	663	639	613	584	552	517	478	433	382	15
16	830	822	814	805	795	783	771	758	743	727	710	691	670	747	622	595	565	531	494	453	405	351	16
17	819	811	803	793	783	771	759	745	730	713	695	675	654	630	604	576	545	510	470	426	376	317	17
18	808	800	791	781	771	759	746	732	716	699	680	660	638	613	586	556	523	487	445	398	344	281	18
19	796	788	779	769	758	746	733	718	702	684	665	644	621	595	567	536	501	462	419	369	310	242	19
20	785	776	767	757	746	733	719	704	687	669	649	627	603	577	547	515	478	437	390	337	274	199	20
21	773	764	755	744	733	720	706	690	673	654	633	610	585	557	527	492	454	410	361	303	234	151	21
22	761	752	742	731	719	706	691	675	657	638	616	593	566	537	505	469	428	382	329	266	191	098	22
23	748	739	729	718	706	692	677	660	642	621	599	574	547	517	483	445	401	352	295	226	144	038	23
24	736	727	716	705	692	678	662	645	626	604	581	555	527	495	459	419	373	320	258	183	090	970	24
25	723	713	703	691	678	663	647	629	609	587	563	536	506	472	435	392	342	286	218	135	031	889	25
26	710	700	689	677	663	648	631	612	592	569	544	515	484	449	409	363	310	249	174	082	962		26
27	696	686	675	662	648	632	615	596	574	550	524	494	461	424	381	333	276	209	126	022	880		27
28	683	672	661	647	633	616	598	578	556	531	503	472	437	398	352	300	239	165	073	953			28
29	669	658	646	632	617	600	581	560	537	511	482	449	412	370	322	266	199	117	013	871			29
30	654	643	631	616	601	583	563	542	517	490	459	425	386	341	289	228	155	063	943				30
31	639	628	615	600	584	566	545	522	497	468	436	400	358	310	254	188	106	003	862				31
32	624	612	599	584	567	548	526	503	476	446	412	373	329	277	217	144	053	933					32
33	609	597	583	567	549	529	507	482	454	422	386	345	298	242	176	095	992	851					33
34	593	580	566	549	531	510	487	461	431	398	359	316	265	204	132	041	922						34°
35	576	564	548	531	512	490	466	438	407	372	331	284	229	164	083	980	840						
36	560	546	531	513	493	470	444	415	382	345	301	251	191	119	029	910							
37	543	529	512	494	473	449	422	391	356	316	270	215	150	070	968	828							
38	526	511	493	474	452	427	399	366	329	286	236	177	105	016	898								
39	507	492	474	454	430	404	374	340	300	254	201	136	056	954	815								
40	489	473	454	433	408	380	349	312	270	221	162	091	002	884									
41	470	453	433	411	385	356	322	283	238	185	120	041	940	801									
42	450	432	412	388	361	330	294	253	204	146	075	986	869										
43	430	411	389	365	336	303	265	220	167	104	025	924	786										
44	409	389	366	340	310	275	234	186	128	058	970	854											
45	387	367	343	315	283	245	201	149	086	008	908	770											
46	365	343	318	288	254	214	166	110	040	953	837												
47	342	319	292	260	224	181	129	067	990	890	753												
48	318	293	265	231	192	145	089	021	934	819	652												
49	293	267	237	201	159	108	046	970	871	735													
50	267	240	207	169	123	068	000	914	799	633													
51	240	211	176	135	085	024	949	851															
52	212	181	144	099	044	977	892	778															
53	183	149	109	060	001	926	829	694															
54	152	116	072	019	953	869	756	591															
55	120	081	034	975	901	805	671	461															
56	086	044	992	927	844	732																	
57	051	004	947	874	779	646																	
58	013	962	898	816	705	543																	
59	973	917	845	751	619																		

φ—δ

h	60°	62°	64°	66°	68°	70°	72°	74°
10°	514	471	423	367	303	226	131	009
11	490	445	394	334	264	180	073	928
12	465	418	363	298	222	127	005	
13	439	388	329	260	175	068	925	
14	412	357	293	217	123	000		
15	382	324	254	170	064	920		
16	351	287	211	118	995			
17	317	248	164	058	915			
18	281	205	112	990				
19	242	158	052	909				
20	199	105	984					
21	151	046	903					
22	098	977						
23	038	896						
24°	970							

φ-δ v. 76° bis 79°

h	76°	77°	78°	79°
5°	190	139	082	016
6	138	081	014	936
7	079	013	935	
8	012	933		
9°	932			

8 C. Stundenwinkel.

t = $3^h\ 19^m$ bis t = $7^h\ 36^m$.

Zahl	t	Zahl	t	Zahl	t	Zahl	t	Zahl	t	Zahl	t
550	$3^h\ 19^m$	650	$3^h\ 46^m$	750	$4^h\ 16^m$	850	$4^h\ 52^m$	950	$5^h\ 35^m$	050	$6^h\ 28^m$
2	20	2	46	2	17	2	53	2	36	2	29
4	20	4	47	4	18	4	54	4	37	4	30
6	21	6	47	6	18	6	54	6	38	6	32
8	21	8	48	8	19	8	55	8	39	8	33
560	3 22	660	3 48	760	4 20	860	4 56	960	5 40	060	6 34
2	22	2	49	2	20	2	57	2	41	2	35
4	23	4	50	4	21	4	58	4	42	4	37
6	23	6	50	6	22	6	58	6	43	6	38
8	24	8	51	8	22	8	59	8	44	8	39
570	3 24	670	3 51	770	4 23	870	5 0	970	5 45	070	6 40
2	25	2	52	2	24	2	1	2	46	2	42
4	25	4	52	4	24	4	2	4	47	4	43
6	26	6	53	6	25	6	2	6	48	6	44
8	26	8	54	8	26	8	3	8	49	8	45
580	3 27	680	3 54	780	4 26	880	5 4	980	5 50	080	6 47
2	27	2	55	2	27	2	5	2	51	2	48
4	28	4	55	4	28	4	6	4	52	4	49
6	28	6	56	6	28	6	7	6	53	6	51
8	29	8	57	8	29	8	7	8	54	8	52
590	3 29	690	3 57	790	4 30	890	5 8	990	5 55	090	6 53
2	30	2	58	2	31	2	9	2	56	2	55
4	30	4	58	4	31	4	10	4	57	4	56
6	31	6	59	6	32	6	11	6	58	6	58
8	31	8	40	8	33	8	12	8	59	8	59
600	3 32	700	4 0	800	4 33	900	5 13	000	6 0	100	7 0
2	32	2	1	2	34	2	13	2	1	2	1
4	33	4	1	4	35	4	14	4	2	4	3
6	34	6	2	6	36	6	15	6	3	6	4
8	34	8	3	8	36	8	16	8	4	8	6
610	3 35	710	4 3	810	4 37	910	5 17	010	6 5	110	7 7
2	35	2	4	2	38	2	18	2	6	2	8
4	36	4	5	4	38	4	19	4	7	4	10
6	36	6	5	6	39	6	20	6	9	6	11
8	37	8	6	8	40	8	20	8	10	8	13
620	3 37	720	4 6	820	4 41	920	5 21	020	6 11	120	7 14
2	38	2	7	2	41	2	22	2	12	2	16
4	38	4	8	4	42	4	23	4	13	4	17
6	39	6	8	6	43	6	24	6	14	6	19
8	39	8	9	8	44	8	25	8	15	8	20
630	3 40	730	4 10	830	4 44	930	5 26	030	6 16	130	7 22
2	41	2	10	2	45	2	27	2	18	2	23
4	41	4	11	4	46	4	28	4	19	4	25
6	42	6	12	6	47	6	28	6	20	6	26
8	42	8	12	8	47	8	29	8	21	8	28
640	$3^h\ 43^m$	740	$4^h\ 13^m$	840	$4^h\ 48^m$	940	$5^h\ 30^m$	040	$6^h\ 22^m$	140	$7^h\ 29^m$
2	43	2	14	2	49	2	31	2	23	2	31
4	44	4	14	4	50	4	32	4	24	4	33
6	44	6	15	6	51	6	33	6	26	6	34
8	45	8	15	8	51	8	34	8	27	8	36

9. Merkatorfunktionen.

Winkel	0′ f	0′ cof	10′ f	10′ cof	20′ f	20′ cof	30′ f	30′ cof	40′ f	40′ cof	50′ f	50′ cof	60′ f	60′ cof	Winkel
0°	0	∞	10	22459	20	20076	30	18682	40	17694	50	16926	60	16300	89°
1	60	16300	70	15770	80	15310	90	14906	100	14543	110	14216	120	13916	88
2	120	13916	130	13641	140	13386	150	13149	160	12927	170	12719	180	12522	87
3	180	12592	190	12336	200	12160	210	11992	220	11832	230	11679	240	11532	86
4	240	11532	250	11392	260	11257	270	11127	280	11002	290	10881	300	10765	85
5	300	10765	310	10652	320	10542	330	10436	341	10334	351	10234	361	10137	84
6	361	10137	371	10042	381	9951	391	9861	401	9774	411	9689	421	9606	83
7	421	9606	431	9525	441	9446	451	9368	461	9292	471	9218	482	9146	82
8	482	9146	492	9074	502	9005	512	8936	522	8869	532	8804	542	8739	81
9	542	8739	552	8676	562	8614	573	8552	583	8492	593	8433	603	8375	80
10	603	8375	613	8318	623	8262	634	8207	644	8152	654	8098	664	8046	79
11	664	8046	674	7994	684	7942	695	7892	705	7842	715	7793	725	7745	78
12	725	7749	735	7697	746	7650	756	7603	766	7557	776	7512	787	7467	77
13	787	7467	797	7423	807	7379	818	7336	828	7294	838	7252	848	7210	76
14	848	7210	859	7169	869	7128	879	7088	890	7048	900	7009	910	6970	75
15	910	6970	921	6932	931	6894	942	6856	952	6819	962	6782	973	6746	74
16	973	6746	983	6710	993	6674	1004	6638	1014	6604	1025	6569	1035	6534	73
17	1035	6534	1046	6500	1056	6467	1067	6433	1077	6400	1088	6367	1098	6335	72
18	1098	6335	1109	6303	1119	6271	1130	6239	1140	6208	1151	6177	1161	6146	71
19	1161	6146	1172	6115	1183	6085	1193	6055	1204	6025	1214	5995	1225	5966	70
20	1225	5966	1236	5937	1246	5908	1257	5879	1268	5851	1278	5823	1289	5795	69
21	1289	5795	1300	5767	1311	5739	1321	5712	1332	5685	1343	5658	1354	5631	68
22	1354	5631	1364	5604	1375	5578	1386	5552	1397	5526	1408	5500	1419	5474	67
23	1419	5474	1429	5446	1440	5423	1451	5398	1462	5373	1473	5348	1484	5324	66
24	1484	5324	1495	5299	1506	5275	1517	5250	1528	5226	1539	5202	1550	5179	65
25	1550	5179	1561	5155	1572	5132	1583	5108	1594	5085	1605	5062	1616	5039	64
26	1616	5039	1628	5017	1639	4994	1650	4972	1661	4949	1672	4927	1683	4905	63
27	1683	4905	1695	4883	1706	4861	1717	4839	1728	4818	1740	4796	1751	4775	62
28	1751	4775	1762	4754	1774	4733	1785	4712	1797	4691	1808	4670	1819	4649	61
29	1819	4649	1831	4629	1842	4608	1854	4588	1865	4568	1877	4547	1888	4527	60
30	1888	4527	1900	4507	1911	4488	1923	4468	1935	4448	1946	4429	1958	4409	59
31	1958	4409	1970	4390	1981	4370	1993	4351	2005	4332	2017	4313	2028	4294	58
32	2028	4294	2040	4276	2052	4257	2064	4238	2076	4220	2088	4201	2099	4183	57
33	2099	4183	2111	4164	2123	4146	2135	4128	2147	4110	2159	4092	2171	4074	56
34	2171	4074	2184	4056	2196	4038	2208	4021	2220	4003	2232	3985	2244	3968	55
35	2244	3968	2256	3951	2269	3933	2281	3916	2293	3899	2306	3882	2318	3865	54
36	2318	3865	2330	3848	2343	3831	2355	3814	2368	3797	2380	3780	2393	3764	53
37	2393	3764	2405	3747	2418	3731	2430	3714	2443	3698	2456	3682	2468	3665	52
38	2468	3665	2481	3649	2494	3633	2506	3617	2519	3601	2532	3585	2545	3569	51
39	2545	3569	2558	3553	2571	3537	2584	3521	2597	3506	2610	3490	2623	3474	50
40	2623	3474	2636	3459	2649	3444	2662	3428	2675	3413	2688	3397	2702	3382	49
41	2702	3382	2715	3367	2728	3352	2741	3337	2755	3322	2768	3306	2782	3292	48
42	2782	3292	2795	3277	2809	3262	2822	3247	2836	3232	2849	3217	2863	3203	47
43	2863	3203	2877	3188	2890	3174	2904	3159	2918	3144	2932	3130	2946	3116	46
44°	2946	3116	2960	3101	2974	3087	2988	3073	3002	3058	3016	3044	3030	3030	45°
	cof	f	cof	f	cof	f	cof	f	cof	f	cof	f	cof	f	
	60′		50′		40′		30′		20′		10′		0′		

9a) **Spezialtafel für Grenzwinkel 0° bis 2° und 88° bis 90°.**

↓	f (0°)	cof (0°)		↓	f (0°)	cof (0°)	
0′	0	∞	59′	30′	30	18682	29′
1	1	30375	58	31	31	570	28
2	2	27992	57	32	32	461	27
3	3	26598	56	33	33	355	26
4	4	25609	55	34	34	252	25
5	5	24842	54	35	35	153	24
6	6	24215	53	36	36	056	23
7	7	23685	52	37	37	17962	22
8	8	23226	51	38	38	870	21
9	9	22822	50	39	39	780	20
10	10	22459	49	40	40	694	19
11	11	22132	48	41	41	17609	18
12	12	21832	47	42	42	526	17
13	13	557	46	43	43	445	16
14	14	303	45	44	44	366	15
15	15	065	44	45	45	289	14
16	16	20844	43	46	46	213	13
17	17	635	42	47	47	139	12
18	18	439	41	48	48	067	11
19	19	253	40	49	49	16996	10
20	20	076	39	50	50	926	9
21	21	19909	38	51	51	16858	8
22	22	749	37	52	52	792	7
23	23	596	36	53	53	726	6
24	24	450	35	54	54	662	5
25	25	309	34	55	55	599	4
26	26	174	33	56	56	537	3
27	27	045	32	57	57	476	2
28	28	18920	31	58	58	416	1
29	29	799	30	59	59	357	0
30′	30	18682	29′	60	60	300	—
	cof (89°)	f (89°)	↑		cof (89°)	f (89°)	↑

↓	f (1°)	cof (1°)		↓	f (1°)	cof (1°)	
0′	60	16300	59′	30′	90	14906	29′
2	62	187	57	32	92	830	27
4	64	078	55	34	94	756	25
6	66	15972	53	36	96	684	23
8	68	869	51	38	98	613	21
10	70	15770	49	40	100	14543	19
12	72	673	47	42	102	475	17
14	74	579	45	44	104	408	15
16	76	487	43	46	106	343	13
18	78	398	41	48	108	279	11
20	80	15310	39	50	110	14216	9
22	82	226	37	52	112	154	7
24	84	143	35	54	114	093	5
26	86	062	33	56	116	033	3
28	88	14983	31	58	118	13974	1′
30′	90	906	29′	60′	120	916	—
	cof (88°)	f (88°)	↑		cof (88°)	f (88°)	↑

10. Helle Fixsterne mit genährten Positionen (1910) und **Kulminationsdaten in M. Zt.**

Name	Gr.	α	δ	kulminiert 8h Abds.	Mitternacht	4h Morgens
1. α Andromedae (Sirrah) .	2.1	0h 3m 44s	+ 28° 36′	23. XI.	23. IX.	24. VII.
2. α Arietis	2.2	2 2 6	+ 23 2	23. XII.	23. X.	23. VIII.
3. α Persei	1.9	3 17 54	+ 49 32	11. I.	11. XI.	11. IX.
4. α Tauri (Aldebaran)	1.1	4 30 45	+ 16 20	29. I.	29. XI.	30. IX.
5. α Aurigae (Capella)	> 1	5 10 2	+ 45 54	8. II.	9. XII.	9. X.
6. β Orionis (Rigel)	> 1	5 10 4	— 8 18	8. II.	9. XII.	9. X.
7. α Orionis (Beteigeuze) . .	1.2	5 50 18	+ 7 23	18. II.	20. XII.	20. X.
8. α Canis maj. (Sirius)	> 1	6 41 10	— 16 36	3. III.	1. I.	2. XI.
9. α Geminorum (Castor) .	2.0	7 28 52	+ 32 5	15. III.	13. I.	14. XI.
10. α Canis min. (Procyon) .	> 1	7 34 35	+ 5 27	17. III.	15. I.	15. XI.
11. β Geminorum (Pollux) . .	1.2	7 39 49	+ 28 15	18. III.	16. I.	16. XI.
12. α Hydrae (Alphard)	2.2	9 23 10	— 8 16	13. IV.	11. II.	13. XII.
13. α Leonis (Regulus)	1.3	10 3 35	+ 12 24	23. IV.	22. II.	23. XII.
14. α Ursae maj. (Dubhe) . .	1.9	10 58 12	+ 62 14	7. X.	7. III.	5. I.
15. β Leonis (Denebola)	2.2	11 44 28	+ 15 4	19. V.	19. III.	17. I.
16. ε Ursae maj.	1.8	12 50 4	+ 56 27			
17. α Virginis (Spica)	1.2	13 20 27	— 10 41	12. VI.	13. IV.	11. II.
18. α Bootis (Arcturus)	> 1	14 11 33	+ 19 39	25. VI.	26. IV.	24. II.
19. α Coronae bor.	2.3	15 30 53	+ 27 1			
20. [α Scorpii (Antares)]	1.3	16 23 53	— 26 14	29. VII.	29. V.	29. III.
21. α Ophiuchi	2.1	17 30 45	+ 12 37			
22. α Lyrae (Wega)	> 1	18 33 53	+ 38 42	31. VIII.	1. VII.	1. V.
23. α Aquilae (Altair)	> 1	19 46 23	+ 8 38	18. IX.	19. VII.	20. V.
24. α Cygni (Deneb)	1.3	20 38 22	+ 44 57	1. X.	2. VIII.	2. VI.
25. ε Pegasi	2.5	21 39 46	+ 9 28	17. X.	17. VIII.	17. VI.
26. [α Piscis austr (Fomalht.)]	1.3	22 52 41	— 30 6	5. XI.	5. IX.	6. VII.
27. α Pegasi	2.6	23 0 17	+ 14 43	6. XI.	7. IX.	8. VII.

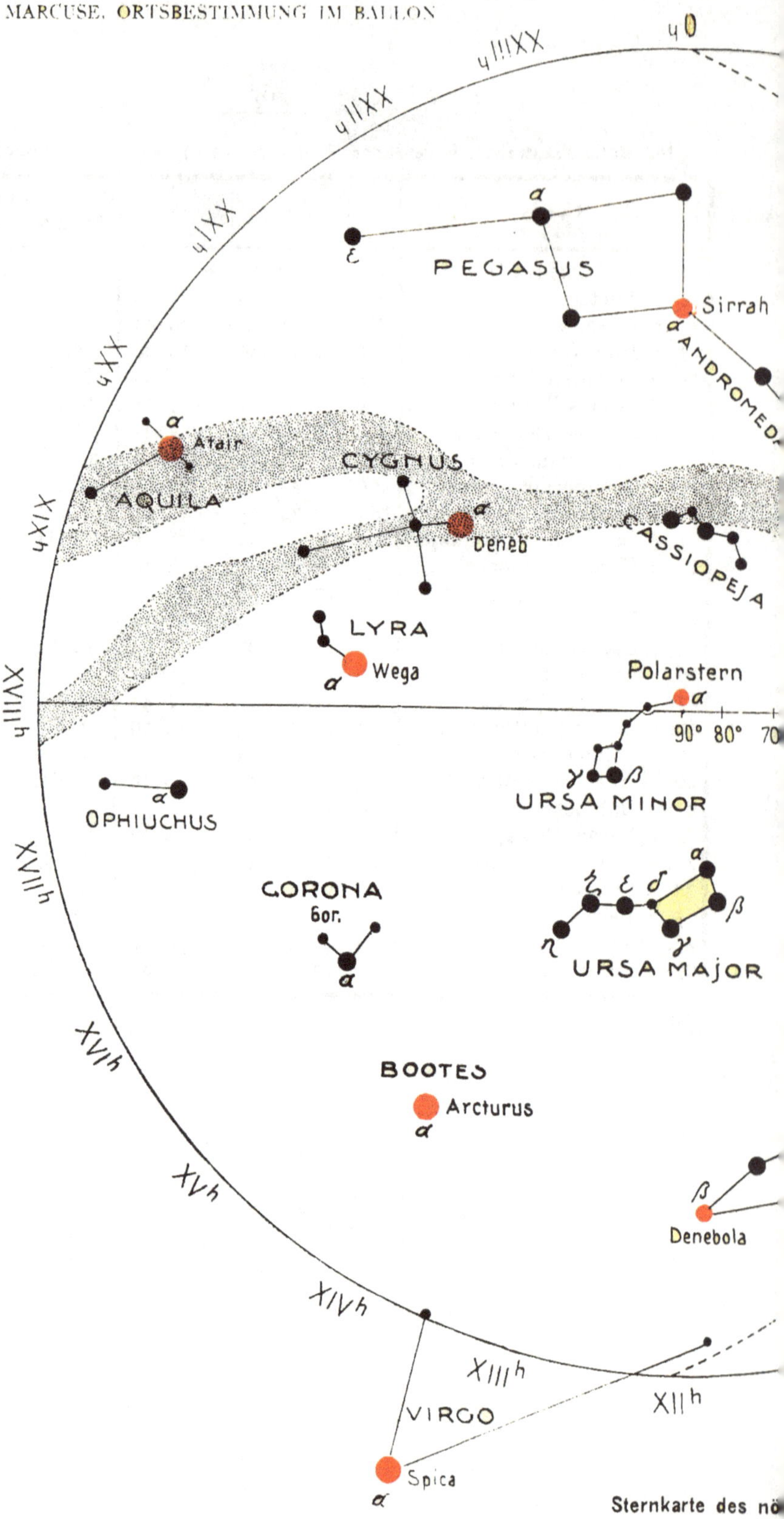

Sternkarte des nö

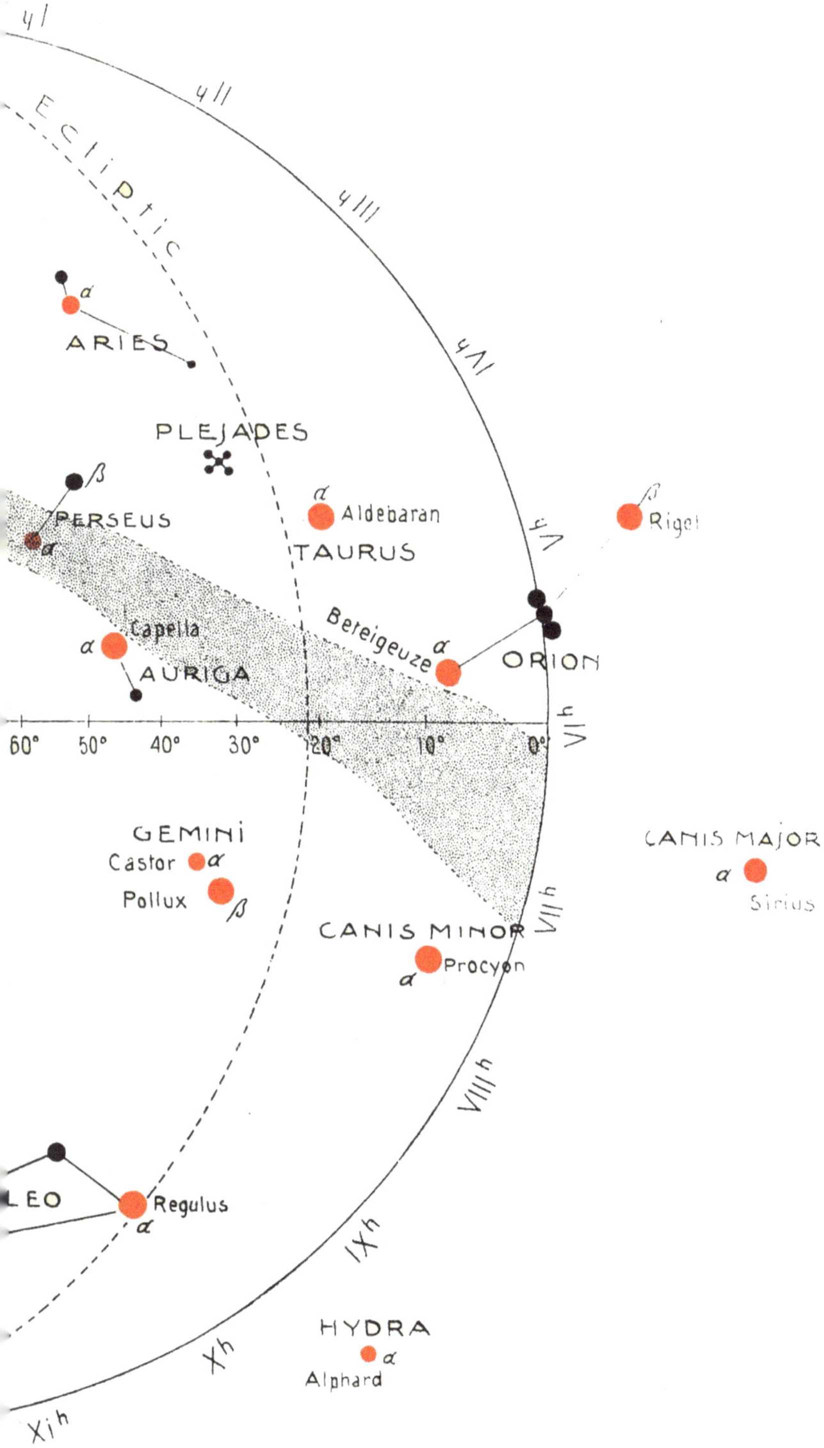

ichen Himmels.

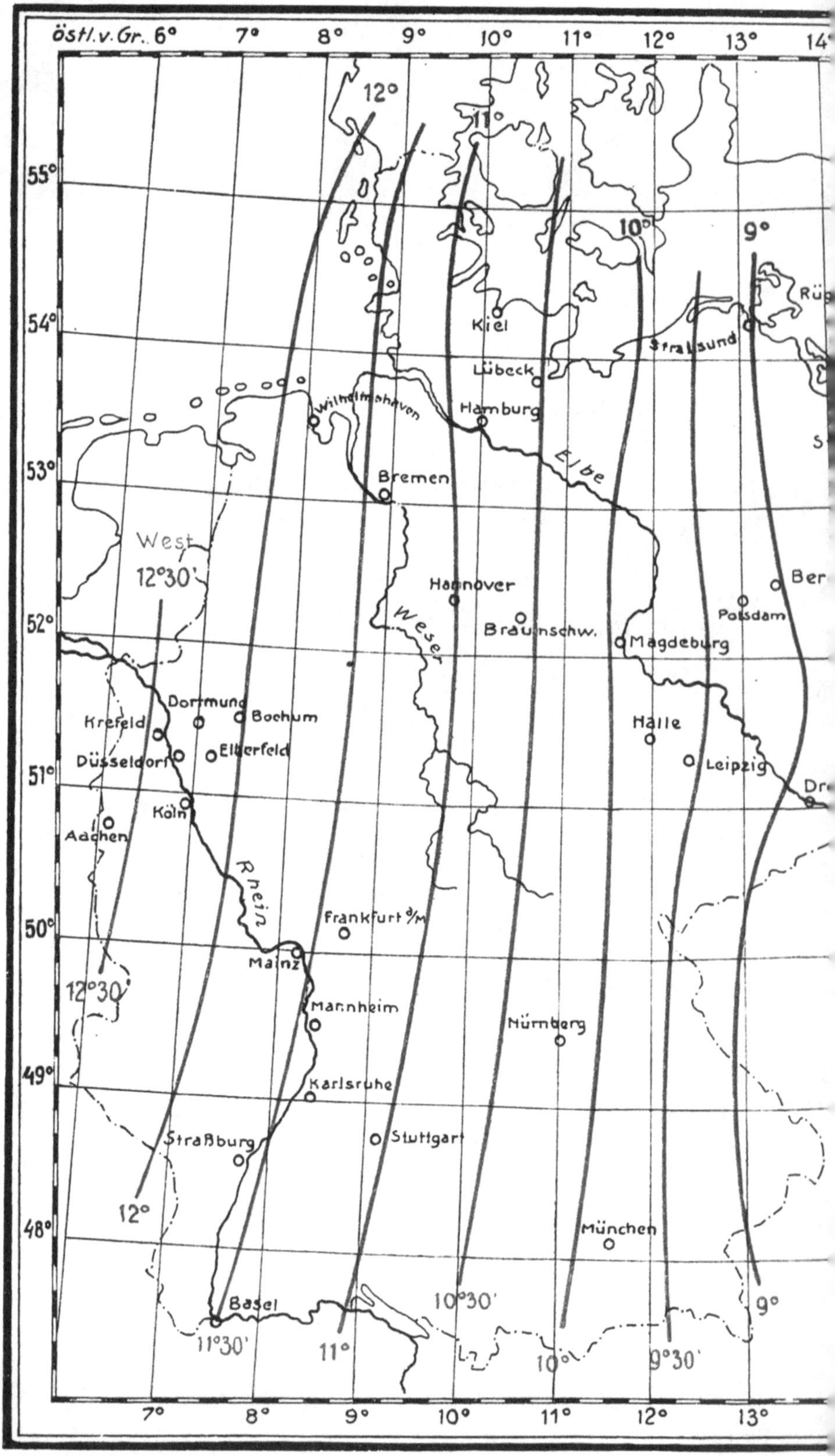
östl. v. Gr. 6°
7°
8°
9°
10°
11°
12°
13°
55°
54°
53°
52°
51°
50°
49°
48°
12°
11°
10°
9°
West
12°30'
Kiel
Lübeck
Stralsund
Wilhelmshaven
Hamburg
Elbe
Bremen
Hannover
Weser
Braunschw.
Magdeburg
Potsdam
Dortmund
Bochum
Krefeld
Düsseldorf
Elberfeld
Halle
Leipzig
Köln
Aachen
Rhein
Frankfurt a/M
Mainz
Mannheim
Nürnberg
Karlsruhe
Straßburg
Stuttgart
München
Basel
11°30'
10°30'
9°30'

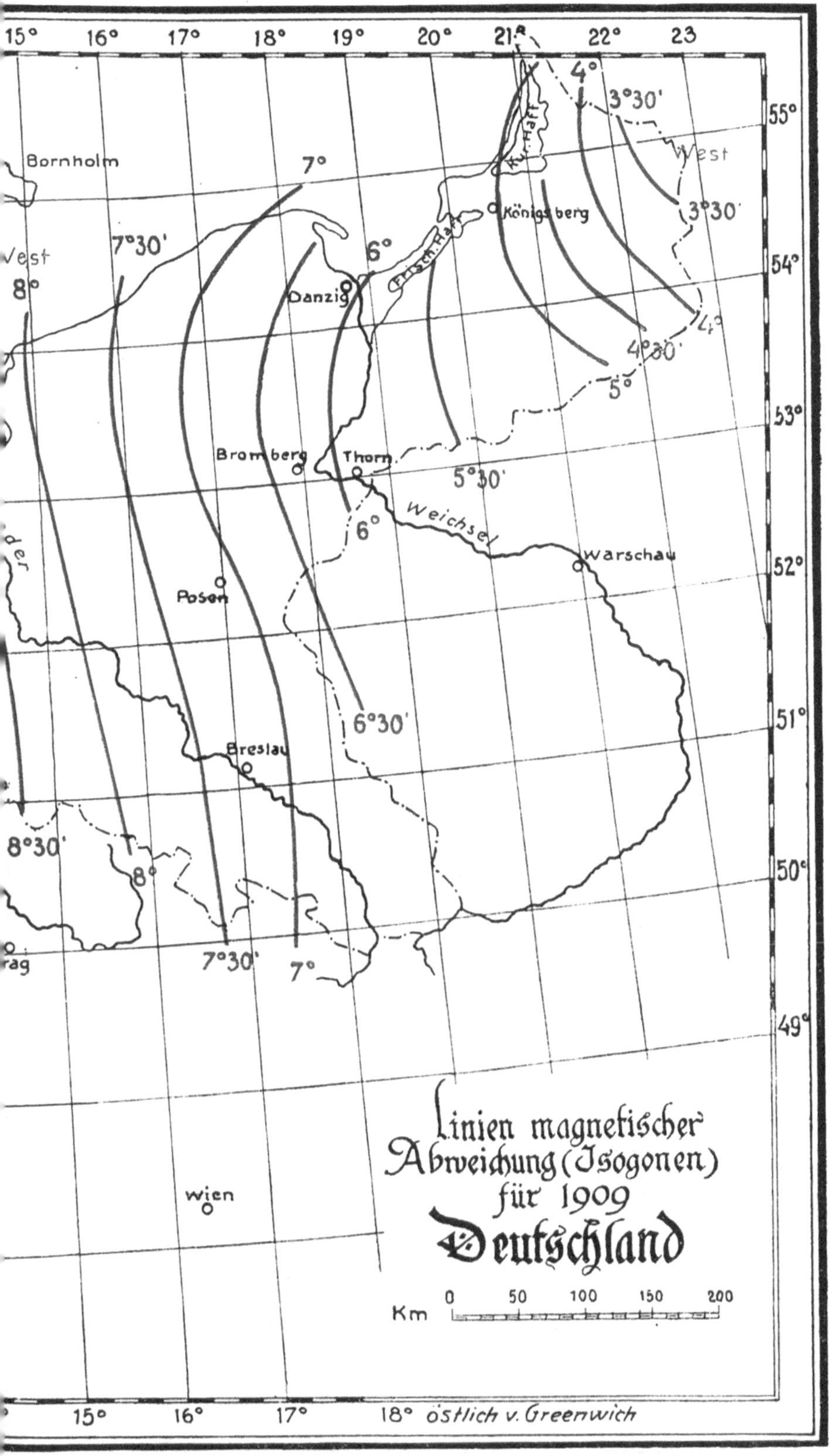
15°
16°
17°
18°
19°
20°
21°
22°
23
55°
54°
53°
52°
51°
50°
49°
Bornholm
West
Kur. Haff
Königsberg
Frisch. Haff
Danzig
Bromberg
Thorn
Weichsel
Warschau
Posen
Breslau
Wien
4°
3°30'
7°
7°30'
6°
8°
3°30'
4°30'
5°
4°
5°30'
6°
6°30'
8°30'
8°
7°30'
7°
Linien magnetischer Abweichung (Isogonen) für 1909
Deutschland
Km 0 50 100 150 200
15°
16°
17°
18° östlich v. Greenwich

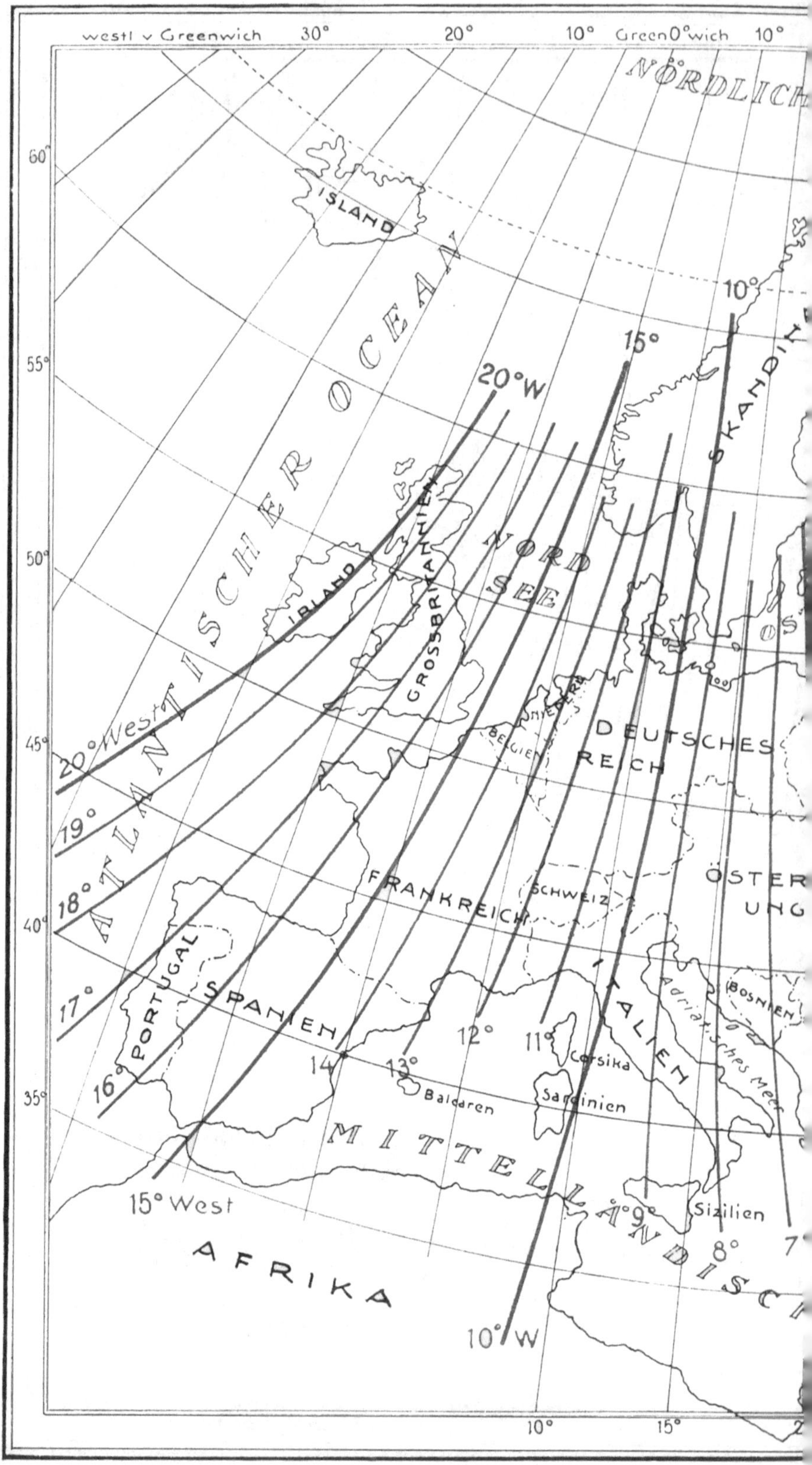
westl v Greenwich
30°
20°
10°
Green0°wich
10°
60°
55°
50°
45°
40°
35°
ISLAND
ATLANTISCHER OCEAN
IRLAND
GROSSBRITANNIEN
NORD SEE
BELGIEN
DEUTSCHES REICH
FRANKREICH
SCHWEIZ
PORTUGAL
SPANIEN
ITALIEN
Corsika
Sardinien
Balearen
Sizilien
Adriatisches Meer
BOSNIEN
MITTELLÄNDISCH
AFRIKA
20° West
19°
18°
17°
16°
15° West
14°
13°
12°
11°
10° W
9°
8°
20°W
15°
10°

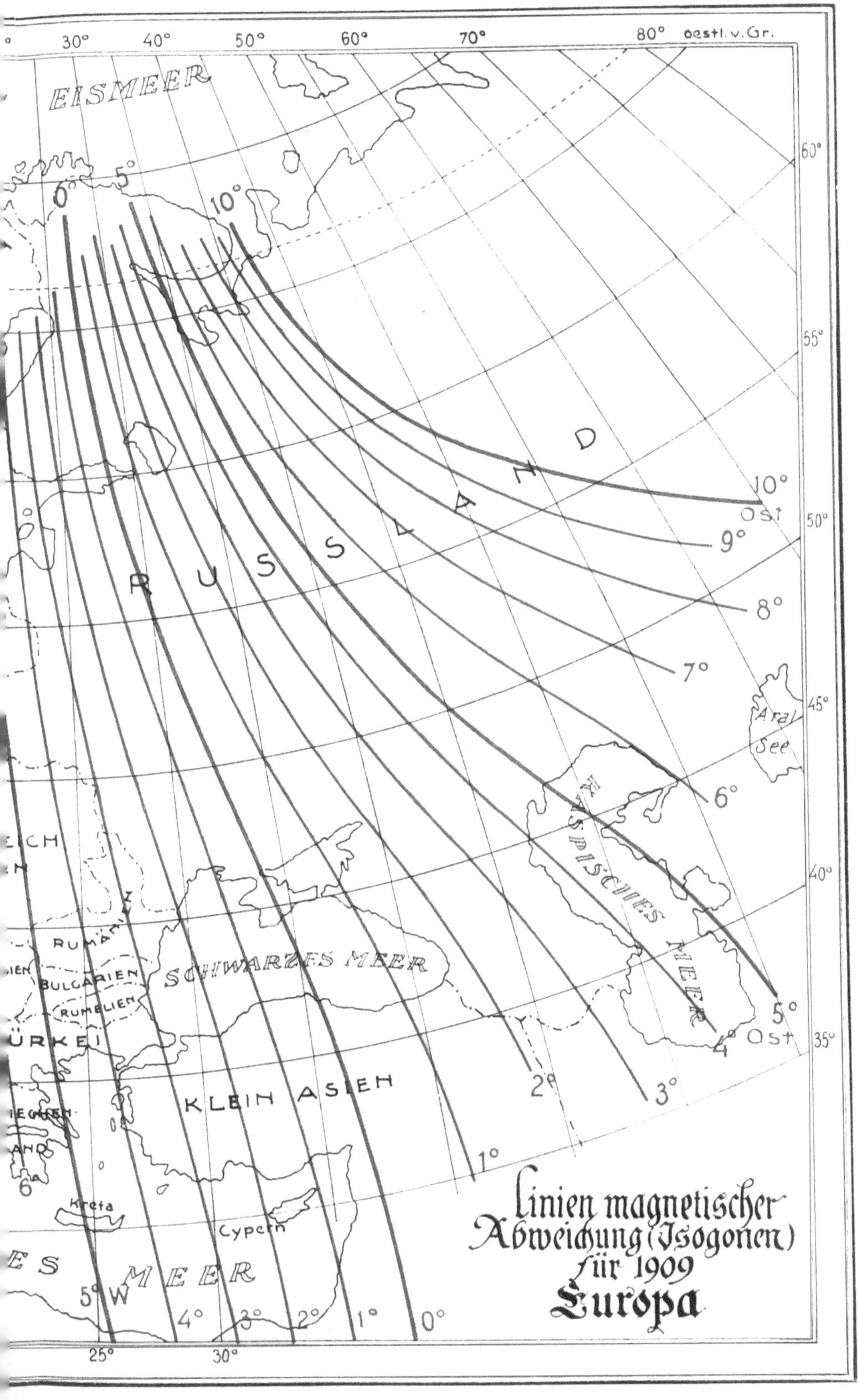
30°
40°
50°
60°
70°
80°
oestl. v. Gr.
EISMEER
60°
55°
50°
45°
40°
35°
R U S S L A N D
10° Ost
9°
8°
7°
6°
5° Ost
4°
3°
2°
1°
0°
Aral See
KASPISCHES MEER
SCHWARZES MEER
RUMÄNIEN
BULGARIEN
RUMELIEN
KLEIN ASIEN
Kreta
Cypern
5° W
4°
3°
2°
1°
0°
25°
30°
Linien magnetischer Abweichung (Isogonen) für 1909
Europa